12.2

奶粉包装设计（267页）

7.3

旅游宣传单设计（168页）

3.1

产品宣传卡设计（32页）

7.1

咖啡宣传单设计（150页）

8.3

打印机广告设计（185页）

3.1

APP旅游设计（65页）

2.1

天建电子科技标志设计（30页）

12.1

雪糕包装设计（252页）

4.1

APP旅游设计（65页）

12.2

奶粉包装设计（267页）

8.2

房地产广告设计（176页）

5.1

儿童成长书籍封面设计（84页）

3.3

请柬背面设计（63页）

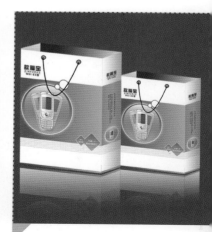

12.3

手机手提袋设计（281页）

3.3

请柬正面设计（63页）

5.2

爱情解说书籍封面设计（97页）

5.1

儿童成长书籍封面设计（84页）

10.1

旅游宣传册封面设计（218页）

9.3

牛奶宣传招贴设计（216页）

4.2

UI界面设计（82页）

7.2

家具宣传单设计（158页）

11.3

化妆品栏目设计（246页）

10.4 旅游宣传册内页3（235页）

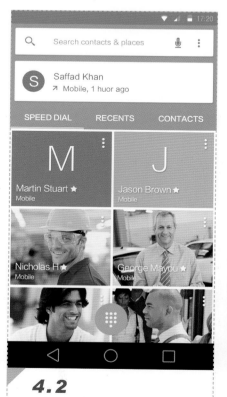

4.2

UI界面设计（82页）

6.1 CD唱片封面设计（117页）

中文版
Photoshop CC+Illustrator CC
平面设计实训教程

数字艺术教育研究室◎编著

人民邮电出版社

北 京

图书在版编目（ＣＩＰ）数据

中文版Photoshop CC+Illustrator CC平面设计实训
教程 / 数字艺术教育研究室编著. -- 北京：人民邮电
出版社，2016.5（2020.9重印）
ISBN 978-7-115-42173-9

Ⅰ．①中… Ⅱ．①数… Ⅲ．①平面设计－图形软件－
教材 Ⅳ．①TP391.41

中国版本图书馆CIP数据核字（2016）第075784号

内 容 提 要

　　本书根据院校教师和学生的实际需求，以平面设计的典型应用为主线，通过多个精彩实用的案例，全面系统地讲解了如何利用 Photoshop CC 和 Illustrator CC 来完成专业的平面设计项目。

　　全书共分为 12 章，详细讲解了设计软件的基础知识、标志设计、卡片设计、UI 设计、书籍装帧设计、唱片封面设计、宣传单设计、广告设计、招贴设计、宣传册设计、杂志设计和包装设计等内容，使学生在掌握软件功能和制作技巧的基础上，能够激发设计灵感，开拓设计思路，提高设计能力。

　　本书适合作为相关院校和培训机构艺术类专业平面设计课程的教材，也适合 Photoshop CC 和 Illustrator CC 的初学者及有一定平面设计经验的读者使用。

◆ 编　　著　数字艺术教育研究室
　　责任编辑　杨　璐
　　责任印制　陈　犇

◆ 人民邮电出版社出版发行　　北京市丰台区成寿寺路 11 号
　　邮编　100164　　电子邮件　315@ptpress.com.cn
　　网址　http://www.ptpress.com.cn
　　固安县铭成印刷有限公司印刷

◆ 开本：787×1092　1/16
　　印张：18　　　　　　　　　彩插：2
　　字数：491 千字　　　　　　2016 年 5 月第 1 版
　　印数：5 001－5 500 册　　　2020 年 9 月河北第 6 次印刷

定价：39.00 元（附光盘）
读者服务热线：(010)81055410　印装质量热线：(010)81055316
反盗版热线：(010)81055315

前　言

Photoshop CC 和 Illustrator CC 被广泛应用于平面设计、包装装潢、彩色出版等诸多领域。本书根据院校教师和学生的实际需求，结合 Photoshop CC 和 Illustrator CC 的强大功能，以平面设计的典型应用为主线，全面系统地讲解如何利用 Photoshop CC 和 Illustrator CC 来完成专业的平面设计项目。

内容特点

本书遵循"平面设计基础 – 课堂案例示范 – 课后习题提升"的课程学习规律，以专业的平面设计公司的商业设计作为案例，对 Photoshop CC 和 Illustrator CC 结合使用的方法和技巧进行了深入的剖析；详细地讲解了运用 Photoshop CC 和 Illustrator CC 制作这些案例的流程和技法，并在讲解过程中融入了实践经验和相关知识，努力做到操作步骤清晰准确。

配套光盘及资源下载

本书配套光盘中包含了书中所有案例、课堂练习和课后习题的素材及效果文件。另外，如果读者是老师，购买本书作为授课教材，本书还将为读者提供教学大纲、备课教案、教学 PPT，以及课堂实战演练和课后综合演练操作答案等相关教学资源包，老师在讲课时可直接使用，也可根据自身课程任意修改课件、教案。教学资源文件已作为学习资料提供下载，扫描右侧二维码即可获得文件下载方式。

如果大家在阅读或使用过程中遇到任何与本书相关的技术问题或者需要什么帮助，请发邮件至szys@ptpress.com.cn，我们会尽力为大家解答。

学时分配参考

本书的参考学时为 57 学时，其中实训环节为 22 学时，各章的参考学时参见下面的学时分配表。

章　节	课程内容	学时分配	
		讲　授	实　训
第 1 章	设计软件的基础知识	2	
第 2 章	标志设计	2	2
第 3 章	卡片设计	3	2
第 4 章	UI 设计	3	2
第 5 章	书籍装帧设计	3	2
第 6 章	唱片封面设计	3	2
第 7 章	宣传单设计	3	2
第 8 章	广告设计	3	2
第 9 章	招贴设计	3	2
第 10 章	宣传册设计	3	2
第 11 章	杂志设计	3	2
第 12 章	包装设计	4	2
	课 时 总 计	35	22

由于时间仓促，编写水平有限，书中难免存在错误和不妥之处，敬请广大读者批评指正。

编　者

Photoshop+Illustrator 教学辅助资源及配套教辅

素材类型	名称或数量	素材类型	名称或数量
教学大纲	1 套	课堂实例	22 个
电子教案	12 单元	课后实例	11 个
PPT 课件	12 个	课后答案	11 个
第 2 章 标志设计	节能环保标志设计	第 8 章 广告设计	洋酒广告设计
	天建电子科技标志设计		房地产广告设计
第 3 章 卡片设计	产品宣传卡设计		打印机广告设计
	音乐会门票设计	第 9 章 招贴设计	促销招贴设计
	请柬设计		汽车招贴设计
第 4 章 UI 设计	APP 旅游设计		牛奶宣传招贴设计
	UI 界面设计	第 10 章 宣传册设计	旅游宣传册封面设计
第 5 章 书籍装帧设计	儿童成长书籍封面设计		旅游宣传册内页 1
	爱情解说书籍封面设计		旅游宣传册内页 2
	散文诗书籍封面设计		旅游宣传册内页 3
第 6 章 唱片封面设计	CD 唱片封面设计	第 11 章 杂志设计	杂志封面设计
	专辑 CD 唱片封面设计		服饰栏目设计
	音乐唱片封面设计		化妆品栏目设计
第 7 章 宣传单设计	咖啡宣传单设计		女人栏目设计
	家具宣传单设计	第 12 章 包装设计	雪糕包装设计
	旅游宣传单设计		奶粉包装设计
			手机手提袋设计

目 录

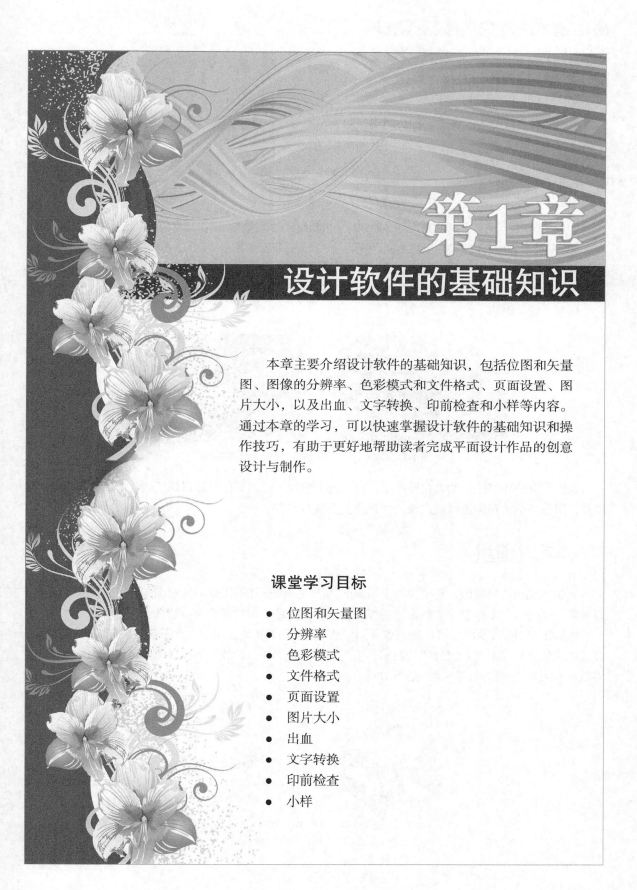

第1章
设计软件的基础知识

本章主要介绍设计软件的基础知识，包括位图和矢量图、图像的分辨率、色彩模式和文件格式、页面设置、图片大小，以及出血、文字转换、印前检查和小样等内容。通过本章的学习，可以快速掌握设计软件的基础知识和操作技巧，有助于更好地帮助读者完成平面设计作品的创意设计与制作。

课堂学习目标

- 位图和矢量图
- 分辨率
- 色彩模式
- 文件格式
- 页面设置
- 图片大小
- 出血
- 文字转换
- 印前检查
- 小样

1.1 位图和矢量图

图像文件可以分为两大类，即位图图像和矢量图形。在处理图像或绘图过程中，这两种类型的图像可以相互交叉使用。

1.1.1 位图

位图图像也称为点阵图像，是由许多单独的小方块组成的，这些小方块又称为像素点，每个像素点都有其特定的位置和颜色值。位图图像的显示效果与像素点是紧密联系在一起的，不同排列和着色的像素点组成了一幅色彩丰富的图像。像素点越多，图像的分辨率越高，图像的文件也会越大。

图像的原始效果如图 1-1 所示。使用放大工具将图像放大后，可以清晰地看到像素的小方块形状与颜色，效果如图 1-2 所示。

图 1-1   图 1-2

位图与分辨率有关，如果在屏幕上以较大的倍数放大显示图像，或以低于创建时的分辨率打印图像，图像就会出现锯齿状的边缘，并且会丢失细节。

1.1.2 矢量图

矢量图也称为向量图，是一种基于图形的几何特性来描述的图像。矢量图中的各种图形元素称为对象，每一个对象都是独立的个体，都具有大小、颜色、形状和轮廓等特性。

矢量图与分辨率无关，可以将它缩放到任意大小，而其清晰度不变，也不会出现锯齿状的边缘，并且在任何分辨率下显示或打印，都不会丢失细节。图形的原始效果如图 1-3 所示，使用放大工具将图片放大后，其清晰度不变，效果如图 1-4 所示。

图 1-3   图 1-4

矢量图的文件所占存储空间较少，但这种图形的缺点是不易制作色调丰富的图像，而且绘制出来的图形无法像位图那样精确地描绘各种绚丽的景象。

1.2　分辨率

分辨率是用于描述图像文件信息的术语。分辨率分为图像分辨率、屏幕分辨率和输出分辨率，下面将分别进行讲解。

1.2.1　图像分辨率

在 Photoshop CC 中，图像每单位长度的像素数目，称为图像的分辨率，其单位为像素/英寸或是像素/厘米。

在相同尺寸的两幅图像中，高分辨率的图像包含的像素比低分辨率的图像包含的像素多。如一幅尺寸为 1 英寸×1 英寸的图像，其分辨率为 72 像素/英寸，这幅图像包含 5184 个像素（72×72 = 5184）；同样尺寸，分辨率为 300 像素/英寸的图像包含 90000 个像素。相同尺寸下，分辨率为 300 像素/英寸的图像效果如图 1-5 所示，分辨率为 72 像素/英寸的图像效果如图 1-6 所示。由此可见，在相同尺寸下，高分辨率的图像能更清晰地表现图像。

图 1-5

图 1-6

提示　如果一幅图像中所包含的像素数目是固定的，那么增加图像尺寸后，则会降低图像的分辨率。

1.2.2　屏幕分辨率

屏幕分辨率是显示器上每单位长度所显示的像素数目。屏幕分辨率取决于显示器大小和像素设置。PC 显示器的分辨率一般约为 96 像素/英寸，Mac 显示器的分辨率一般约为 72 像素/英寸。在 Photoshop CC 中，图像像素被直接转换成显示器像素，当图像分辨率高于显示器分辨率时，屏幕中显示出的图像比实际尺寸大。

1.2.3　输出分辨率

输出分辨率是照排机或打印机等输出设备产生的每英寸的油墨点数（dpi）。打印机的分辨率在 720 dpi 以上的，可以获得比较好的图像效果。

1.3 色彩模式

Photoshop CC 和 Illustrator CC 提供了多种色彩模式，这些色彩模式是作品能够在屏幕和印刷品上成功表现的重要保障。在这里重点介绍几种经常使用的色彩模式，即 CMYK 模式、RGB 模式、灰度模式及 Lab 模式。每种色彩模式都有不同的色域，并且各模式之间可以转换。

1.3.1 CMYK 模式

CMYK 代表印刷中使用的 4 种油墨颜色，即 C 代表青色、M 代表洋红色、Y 代表黄色、K 代表黑色。CMYK 模式在印刷时应用了色彩学中的减色法混合原理，即减色色彩模式，它是图片、插图和其他作品中最常用的一种印刷方式。这是因为在印刷中通常都要进行四色分色，出四色胶片，然后再进行印刷。

在 Photoshop CC 中，CMYK 颜色控制面板如图 1-7 所示。可以在颜色控制面板中设置 CMYK 的颜色。在 Illustrator CC 中也可以使用颜色控制面板设置 CMYK 的颜色，如图 1-8 所示。

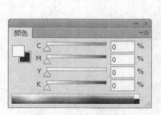
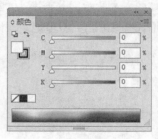

图 1-7 　　　　　　　　　　　　　图 1-8

提示 　若作品需要进行印刷，那么在 Photoshop CC 中制作平面设计作品时，一般会把图像文件的色彩模式设置为 CMYK；在 Illustrator CC 中制作平面设计作品时，绘制的矢量图形和制作的文字都要使用 CMYK 颜色。

可以在建立新的 Photoshop CC 图像文件时就选择 CMYK 颜色模式（四色印刷模式），如图 1-9 所示。

图 1-9

在新建 Photoshop CC 文件时，就选择 CMYK 颜色模式。这种方式的优点是可以避免成品的颜色失真，因为在作品的整个制作过程中，所制作的图像都在可印刷的色域中。

在制作过程中，可以随时选择"图像 > 模式 > CMYK 颜色"命令，将图像转换成 CMYK 四色印刷模式。但是一定要注意，在图像转换为 CMYK 四色印刷模式后，就无法再将其变回原来图像的 RGB 色彩了。因为 RGB 的色彩模式在转换成 CMYK 色彩模式时，色域外的颜色会变暗，这样才会使整个色彩成为可以印刷的文件。因此，在将 RGB 模式转换成 CMYK 模式之前，可以选择"视图 > 校样设置 > 工作中的 CMYK"命令，预览一下图像转换成 CMYK 色彩模式时的效果，如果不满意 CMYK 色彩模式效果，还可以根据需要对图像进行调整。

1.3.2　RGB 模式

RGB 模式是一种加色模式，通过红、绿、蓝 3 种色光相叠加而形成更多的颜色。RGB 是色光的彩色模式，一幅 24bit 的 RGB 图像有 3 个色彩信息的通道，红色（R）、绿色（G）和蓝色（B）。在 Photoshop CC 中，RGB 颜色控制面板如图 1-10 所示。在 Illustrator CC 中，颜色控制面板也可以设置 RGB 颜色，如图 1-11 所示。

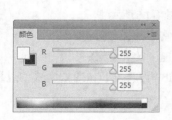
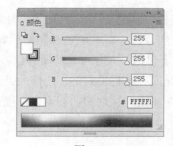

图 1-10　　　　　　　　　　图 1-11

每个通道都有 8 位色彩信息—— 一个 0～255 的亮度值色域。也就是说，每一种色彩都有 256 个亮度水平级。3 种色彩相叠加，可以有 256×256×256=1670 万种颜色。而这 1670 万种颜色足以表现出绚丽多彩的世界。

在 Photoshop CC 中编辑图像时，RGB 色彩模式是最佳的选择。因为它可以提供全屏幕的多达 24 位的色彩范围，一些计算机领域的色彩专家称其为"True Color"（真彩显示）。

 一般在视频编辑和设计过程中，使用 RGB 颜色来编辑和处理图像。

1.3.3　灰度模式

灰度模式（灰度图）又称为 8bit 深度图，每个像素用 8 个二进制位表示，能产生 2^8 即 256 级灰色调。当一个彩色文件被转换为灰度模式文件时，所有的颜色信息都将从文件中丢失。尽管 Photoshop CC 允许将一个灰度文件转换为彩色模式文件，但却不可能将原来的颜色完全还原。所以，在转换灰度模式时，应先做好图像的备份。

像黑白照片一样，一幅灰度模式的图像只有明暗值，没有色相和饱和度这两种颜色信息。在 Photoshop CC 中，颜色控制面板如图 1-12 所示。在 Illustrator CC 中，也可以用颜色控制面板设置灰度颜色，如图 1-13 所示。0%代表白，100%代表黑，其中的 K 值用于衡量黑色油墨用量。

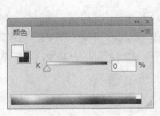
图 1-12

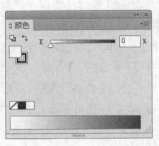
图 1-13

1.3.4　Lab 模式

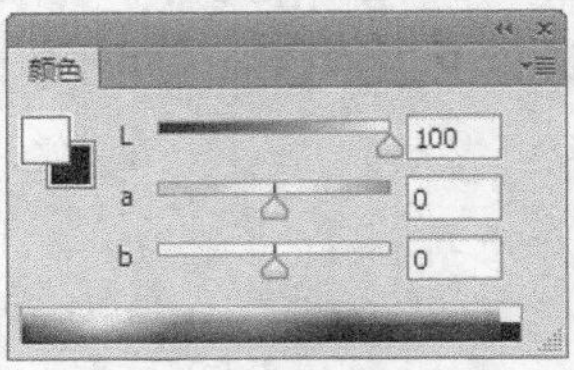

Lab 是 Photoshop CC 中的一种国际色彩标准模式，由 3 个通道组成：一个通道是透明度，即 L；其他两个是色彩通道，即色相和饱和度，用 a 和 b 表示。a 通道包括的颜色从深绿色到灰，再到亮粉红色；b 通道是从亮蓝色到灰，再到焦黄色。Lab 颜色控制面板如图 1-14 所示。

Lab 模式在理论上包括了人眼可见的所有色彩，它弥补了 CMYK 模式和 RGB 模式的不足。在这种模式下，图像的处理速度比在 CMYK 模式下快数倍，与 RGB 模式的速度相仿。而且在把 Lab 模式转成 CMYK 模式的过程中，所有的色彩不会丢失或被替换。

图 1-14

提示　当在 Photoshop CC 中将 RGB 模式转换成 CMYK 模式时，可以先将 RGB 模式转换成 Lab 模式，然后再从 Lab 模式转换成 CMYK 模式，这样会减少图片的颜色损失。

1.4　文件格式

当平面设计作品制作完成后，就要进行对文件存储。这时，选择一种合适的文件格式就显得十分重要。在 Photoshop CC 和 Illustrator CC 中有 20 多种文件格式可供选择。在这些文件格式中，既有 Photoshop CC 和 Illustrator CC 的专用格式，也有用于应用程序交换的文件格式，还有一些比较特殊的格式。下面，重点讲解几种常用的文件存储格式。

1.4.1　TIF（TIFF）格式

TIF 是标签图像格式。TIF 格式对于色彩通道图像来说具有很强的可移植性，可以用于 PC、Mac

及 UNIX 工作站三大平台，并且是这三大平台中使用最广泛的绘图格式。

用 TIF 格式存储时应考虑到文件的大小，因为 TIF 格式的结构要比其他格式更大更复杂。但 TIF 格式支持 24 个通道，能存储多于 4 个通道的文件格式。TIF 格式还允许使用 Photoshop CC 中的复杂工具和滤镜特效。

提示　　TIF 格式非常适合印刷和输出。在 Photoshop CC 中编辑处理完成的图片文件一般都会存储为 TIF 格式，然后导入 Illustrator CC 的平面设计文件中进行编辑处理。

1.4.2　PSD 格式

PSD 格式是 Photoshop CC 软件的专用文件格式，PSD 格式能够保存图像数据的细小部分，如图层、蒙版和通道等，以及其他 Photoshop CC 对图像进行特殊处理的信息。在没有决定图像最终存储格式前，最好先以这种格式存储。另外，用 Photoshop CC 打开和存储这种格式的文件较其他格式更快。

1.4.3　AI 格式

AI 格式是 Illustrator CC 软件的专用文件格式。它的兼容度比较高，可以在 CorelDRAW 中打开，也可以将 CDR 格式的文件导出为 AI 格式。

1.4.4　JPEG 格式

JPEG 是 Joint Photographic Experts Group 的缩写，译为联合图片专家组。JPEG 格式既是 Photoshop CC 支持的一种文件格式，也是一种压缩方案，是 Mac 上常用的一种存储类型。JPEG 格式是压缩格式中的"佼佼者"，与 TIF 文件格式采用的 LIW 无损失压缩相比，它的压缩比例更大，但它使用的有损失压缩会丢失部分数据。用户可以在存储前选择图像的品质，这样就能控制数据的损失程度了。

在 Photoshop CC 中，有低、中、高和最佳 4 种图像压缩品质可供选择。高品质保存的图像比其他品质保存的图像所占用的磁盘空间更大。而选择低品质保存的图像则会损失较多细节，但占用的磁盘空间较少。

1.4.5　EPS 格式

EPS 格式为压缩的 PostScript 格式，是为 PostScript 打印机输出图像开发的格式。其最大的优点是在排版软件中可以以低分辨率预览，而在打印时以高分辨率输出。它不支持 Alpha 通道，但可以支持裁切路径。

EPS 格式支持 Photoshop CC 中所有的颜色模式，可以用来存储点阵图和向量图形。在存储点阵图像时，还可以将图像的白色像素设置为透明效果，并且在位图模式下也支持透明。

1.5 页面设置

在设计制作平面作品之前，要根据客户的要求在 Photoshop CC 或 Illustrator CC 中设置页面的尺寸。下面就来讲解如何根据制作标准或客户要求来设置页面的尺寸。

1.5.1 在 Photoshop CC 中设置页面

选择"文件 > 新建"命令，弹出"新建"对话框，如图 1-15 所示。在对话框中，"名称"选项后的文本框中可以输入新建图像的文件名；"预设"选项后的下拉列表用于自定义或选择其他固定格式文件的大小；在"宽度"和"高度"选项后的数值框中可以输入需要设置的宽度和高度的数值；在"分辨率"选项后的数值框中可以输入需要设置的分辨率。

图像的宽度和高度可以设定为像素或厘米，单击"宽度"和"高度"选项下拉列表后面的黑色三角按钮 ▼，弹出计量单位下拉列表，可以选择计量单位。

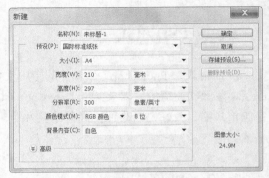

图 1-15

"分辨率"选项可以设定每英寸的像素数或每厘米的像素数，一般在进行练习时，设定为 72 像素/英寸；在进行平面设计时，设定为输出设备的半调网屏频率的 1.5 ~ 2 倍，一般为 300 像素/英寸。单击"确定"按钮，新建页面。

 每英寸的像素数越大，图像的文件越大。应根据工作需要设定合适的分辨率。

1.5.2 在 Illustrator CC 中设置页面

在实际工作中，往往要利用像 Illustrator CC 这样优秀的平面设计软件来完成印前的制作任务，随后才是出胶片、送印厂。因此，就要求在设计制作前，设置好作品的尺寸。

选择"文件 > 新建"命令，弹出"新建文档"对话框，如图 1-16 所示。在对话框中，"名称"选项可以在选项中输入新建文件的名称；"配置文件"选项可以选择不同的配置文件；"画板数量"选项可以设置页面中画板的数量，当数量为多页时，右侧的按钮和下方的"间距"与"列数"选项显示为可编辑状态，按钮可以设置画板的排列方法及排列方向；"间距"选项可以设置画板之间的间距；"列数"选项用于设置画板的列数；"大小"选项可以在下拉列表中选择系统预先设置的文件尺寸，也可以在下方的"宽度"和"高度"选项中自定义文件尺寸；"宽度"和"高度"选项用于设置文件的宽度和高度的数值；"单位"选项设置文件所采用的单位，默认状态下为"毫米"；"取向"选项用于设置新建页面竖向或横向排列；"出血"选项用于设置页面的出血值，默认状态下，右侧为锁定状态 🔒，可同时设置出血值，单击右侧的按钮，使其处于解锁状态 ，可单独设置出血值。

单击"高级"选项左侧的按钮 ▶，显示或隐藏"高级"选项，如图 1-17 所示。"颜色模式"
选项用于设置新建文件的颜色模式。"栅格效果"选项用于设置文件的栅格效果。"预览模式"选
项用于设置文件的预览模式。 模板(T)... 按钮，单击弹出"从模板新建"对话框，选择需要的模板来
新建文件。

| 图 1-16 | 图 1-17 |

　　选择"文件 > 从模板新建"命令，弹出"从模板新建"对话框，选择一个模板，单击"新建"
按钮，可新建一个文件。

1.6　图片大小

　　在完成平面设计任务的过程中，为了更好地编辑图像或图形，经常需要调整图像或者图形的大
小。下面将讲解图像或图形大小的调整方法。

1.6.1　在 Photoshop CC 中调整图像大小

　　打开一幅图像，选择菜单"图像 > 图像大小"命令，弹出"图像大小"对话框，如图 1-18 所示。
　　图像大小：通过改变"宽度""高度"和"分辨率"选项的数值，改变图像的文档大小，图像的
尺寸也相应改变。缩放样式 ✿：勾选此选项后，若在图像操作中添加了图层样式，可以在调整大小
时自动缩放样式大小。尺寸：指沿图像的宽度和高度的总像素数，单击尺寸右侧的按钮 ▼，可以改
变计量单位。调整为：指选取预设以调整图像大小。约束比例 ⅊：单击"宽度"和"高度"选项，
右侧出现锁链标志 ⅊，表示改变其中一项设置时，两项会成比例同时改变。分辨率：指位图图像中
的细节精细度，计量单位是像素/英寸（ppi），每英寸的像素越多，分辨率越高。重新采样：不勾选
此复选框，尺寸的数值将不会改变，"宽度""高度"和"分辨率"选项右侧将出现锁链标志 ⅊，改
变数值时 3 项会同时改变，如图 1-19 所示。
　　在"图像大小"对话框中可以改变选项数值的计量单位，在选项右侧的下拉列表中进行选择，
如图 1-20 所示。单击"调整为"选项右侧的 ▼ 按钮，在弹出的下拉菜单中选择"自动分辨率"命令，
弹出"自动分辨率"对话框，系统将自动调整图像的分辨率和品质效果，如图 1-21 所示。

图 1-18

图 1-19

图 1-20

图 1-21

在"图像大小"对话框中，改变"宽度"和"高度"选项中某一项的数值，如图 1-22 所示，单击"确定"按钮，图像将变小，效果如图 1-23 所示。

图 1-22

图 1-23

提示 在设计制作的过程中，一般情况下，位图的分辨率保持在 300 像素/英寸，这样编辑位图的尺寸可以从大尺寸图调整到小尺寸图，而且没有图像品质的损失。如果从小尺寸图调整到大尺寸图，就会造成图像品质的损失，使图片模糊。

1.6.2　在 Illustrator CC 中调整图像大小

打开光盘中的"Ch01 > 素材 > 05"文件。选择"选择"工具 ，选取要缩放的对象，对象的周围会出现控制手柄，如图 1-24 所示。用鼠标拖曳控制手柄可以手动缩小或放大对象，如图 1-25 所示。

选择"选择"工具 ，选取要缩放的对象，对象的周围会出现控制手柄，如图 1-26 所示。选择"窗口 > 变换"命令，弹出"变换"控制面板，如图 1-27 所示。在控制面板中的"宽"和"高"选项中根据需要调整好宽度和高度值，如图 1-28 所示。按 Enter 键确认，完成对象的缩放如图 1-29 所示。

图 1-24

图 1-25

图 1-26

图 1-27

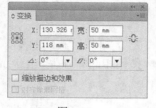
图 1-28

图 1-29

1.7　出血

印刷装订工艺要求接触到页面边缘的线条、图片或色块，需跨出页面边缘的成品裁切线 3mm，称为出血。出血是防止裁刀裁切到成品尺寸里面的图文或出现白边。下面将以名片的制作为例，对如何在 Photoshop CC 或 Illustrator CC 中设置名片的出血进行细致的讲解。

1.7.1　在 Photoshop CC 中设置出血

（1）要求制作的名片的成品尺寸是 90mm×55mm，如果名片有底色或花纹，则需要将底色或花纹跨出页面边缘的成品裁切线 3mm。在 Photoshop CC 中新建的文件页面尺寸需要设置为 96mm×61mm。

（2）按 Ctrl+N 组合键，弹出"新建"对话框，选项的设置如图 1-30 所示。单击"确定"按钮，效果如图 1-31 所示。

图 1-30 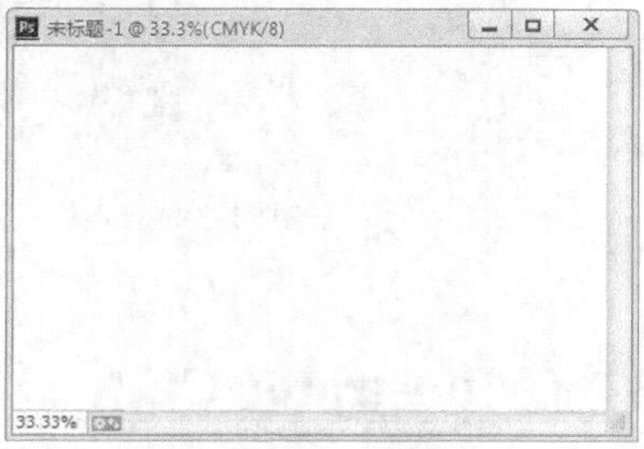　　　　　　　　　　　　　　　图 1-31

（3）选择"视图 > 新建参考线"命令，弹出"新建参考线"对话框，设置如图 1-32 所示。单击"确定"按钮，效果如图 1-33 所示。使用相同的方法，在 5.8cm 处新建一条水平参考线，效果如图 1-34 所示。

图 1-32   图 1-33   图 1-34

（4）选择"视图 > 新建参考线"命令，弹出"新建参考线"对话框，设置如图 1-35 所示。单击"确定"按钮，效果如图 1-36 所示。使用相同的方法，在 9.3cm 处新建一条垂直参考线，效果如图 1-37 所示。

图 1-35   图 1-36   图 1-37

（5）按 Ctrl+O 组合键，打开光盘中的"Ch01 > 素材 > 06"文件，效果如图 1-38 所示。选择"移动"工具 ，按住 Shift 键的同时，将其拖曳到新建的"未标题-1"文件窗口中，如图 1-39 所示。在"图层"控制面板中生成新的图层"图层 1"。按 Ctrl+E 组合键，合并可见图层。按 Ctrl+S 组合键，弹出"存储为"对话框，将其命名为"名片背景"，保存为 TIFF 格式，单击"保存"按钮，弹出"TIFF 选项"对话框，单击"确定"按钮，将图像保存。

图 1-38   图 1-39

1.7.2　在 Illustrator CC 中设置出血

（1）要求制作名片的成品尺寸是 90mm×55mm，需要设置的出血是 3mm。

（2）按 Ctrl+N 组合键，弹出"新建文档"对话框，选项的设置如图 1-40 所示，单击"确定"按钮，效果如图 1-41 所示。在页面中，实线框为宣传卡的成品尺寸 90mm×55mm，红色框为出血尺寸，红色框和实线框四边之间的空白区域是 3mm 的出血设置。

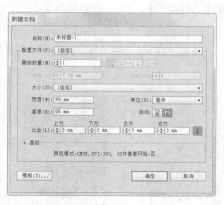

图 1-40

图 1-41

（3）选择"文件 > 置入"命令，弹出"置入"对话框，打开光盘中的"Ch01 > 效果 > 名片背景"文件，如图 1-42 所示。单击"置入"按钮，将图片置入页面中，单击属性栏中的"嵌入"按钮，将图片嵌入到页面中，如图 1-43 所示。

图 1-42

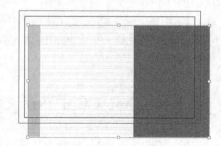

图 1-43

（4）选择"窗口 > 变换"命令，弹出"变换"面板，选项的设置如图 1-44 所示。按 Enter 键，置入的图片与页面居中对齐，效果如图 1-45 所示。

图 1-44

图 1-45

（5）选择"文件 > 置入"命令，弹出"置入"对话框，打开光盘中的"Ch01 > 素材 > 07"文件，单击"置入"按钮，将图片置入页面中单击属性栏中的"嵌入"按钮，将图片嵌入页面中。选择"选择"工具 ，将其拖曳到适当的位置，效果如图 1-46 所示。选择"文字"工具 ，在页面中分别输入需要的文字。选择"选择"工具 ，分别在属性栏中选择合适的字体并设置文字大小，效果如图 1-47 所示。

（6）设计作品制作完成，按 Ctrl+S 组合键，弹出"存储为"对话框，将其命名为"名片"，保存为 AI 格式，单击"保存"按钮，将文件保存。

图 1-46

图 1-47

1.8　文字转换

在 Photoshop CC 和 Illustrator CC 中输入文字时，都需要选择文字的字体。文字的字体文件安装在计算机、打印机或照排机中。字体就是文字的外在形态，当设计师选择的字体与输出中心的字体不匹配时，或者输出中心根本就没有设计师选择的字体时，出现在胶片上的文字就不是设计师选择的字体，也可能出现的是乱码。下面将讲解如何在 Photoshop CC 和 Illustrator CC 中进行文字转换来避免出现这样的问题。

1.8.1　在 Photoshop CC 中转换文字

打开光盘中的"Ch01 > 素材 > 08"文件，在"图层"控制面板中选中需要的文字图层，如图 1-48 所示。选择"图层 > 栅格化 > 文字"命令，将文字图层转换为普通图层，就是将文字转换为图像，如图 1-49 所示，在图像窗口中的文字效果如图 1-50 所示。转换为普通图层后，出片文件将不会出现字体不匹配的问题。

图 1-48

图 1-49

图 1-50

1.8.2　在 Illustrator CC 中转换文字

打开光盘中的"Ch01 > 效果 > 名片.ai"文件。选择"选择"工具 ，按住 Shift 键的同时，单击输入的文字将其同时选取，如图 1-51 所示。选择"文字 > 创建轮廓"命令，将文字转换为轮廓，如图 1-52 所示。按 Ctrl+S 组合键，将文件保存。

图 1-51　　　　　　　　　　　　　图 1-52

提示　　将文字转换为轮廓，就是将文字转换为图形，这样在输出中心就不会出现文字不匹配的问题，在胶片上也不会形成乱码。但需要注意，经转换的文字无法再使用文字工具进行编辑。

1.9　印前检查

印刷前可以在 Illustrator CC 中对设计制作好的名片进行常规的检查。

打开光盘中的"Ch01 > 效果 > 名片.ai"文件，如图 1-53 所示。选择"窗口 > 文档信息"命令，弹出"文档信息"面板，如图 1-54 所示。单击面板右上方的 图标，在弹出的下拉菜单中可查看各个项目，如图 1-55 所示。

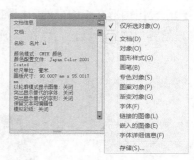

图 1-53　　　　　　　　　　　图 1-54　　　　　　　　　　　图 1-55

在"文档信息"面板中无法反映图片丢失、修改后未更新、有多余的通道或路径的问题。选择"窗口 > 链接"命令，弹出"链接"面板，可以警告丢失或未更新图片，如图 1-56 所示。

如果要将"文档信息"中发现的不适合出片的字体改成别的字体，可以通过选择"文字 > 查找字体"命令，在弹出的"查找字体"对话框中进行操作，如图 1-57 所示。

提示　　在 Illustrator CC 中，如果已经将设计作品中的文字转成轮廓，在"查找字体"对话框中将无任何可替换字体。

图 1-56   图 1-57

1.10 小样

在 Illustrator CC 中，设计制作完成客户的任务后，可以方便地给客户看设计完成稿的小样，下面讲解小样电子文件的导出方法。

1.10.1 带出血的小样

（1）打开光盘中的"Ch01 > 效果 > 名片.ai"文件，如图 1-58 所示。选择"文件 > 导出"命令，弹出"导出"对话框，将导出文件命名为"名片"，导出为 JPEG 格式，如图 1-59 所示，单击"保存"按钮。弹出"JPEG 选项"对话框，选项的设置如图 1-60 所示，单击"确定"按钮，导出图形。

（2）导出图形在桌面上的图标如图 1-61 所示。可以通过电子邮件的方式把导出的 JPEG 格式的小样发给客户观看，客户可以在看图软件中打开观看，效果如图 1-62 所示。

图 1-58

图 1-59

提示　一般给客户观看的作品小样都导出为 JPEG 格式，JPEG 格式的图像压缩比例大、文件小，有利于通过电子邮件的方式发给客户观看。

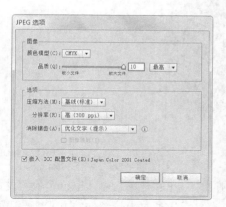

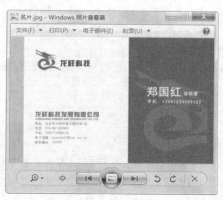

图 1-60   图 1-61   图 1-62

1.10.2   成品尺寸的小样

（1）打开光盘中的"Ch01 > 效果 > 名片.ai"文件，效果如图 1-63 所示。选择"选择"工具 ，按 Ctrl+A 组合键，将页面中的所有图形同时选取，按 Ctrl+G 组合键，将其群组，效果如图 1-64 所示。

图 1-63   图 1-64

（2）选择"矩形"工具 ，绘制出一个与页面大小相等的矩形，绘制的矩形就是名片成品尺寸的大小，如图 1-65 所示。选择"选择"工具 ，将矩形和群组后的图形同时选取，按 Ctrl+7 组合键，创建剪切蒙版，效果如图 1-66 所示。成品尺寸的名片效果如图 1-67 所示。

图 1-65   图 1-66

17

图 1-67

（3）选择"文件 > 导出"命令，弹出"导出"对话框，将导出文件命名为"名片-成品尺寸"，导出为 JPEG 格式，如图 1-68 所示，单击"保存"按钮。弹出"JPEG 选项"对话框，选项的设置如图 1-69 所示，单击"确定"按钮，导出成品尺寸的名片图像。可以通过电子邮件的方式把导出的 JPEG 格式的小样发给客户观看，客户可以在看图软件中打开观看，效果如图 1-70 所示。

图 1-68

图 1-69

图 1-70

第2章
标志设计

标志是一种传达事物特征的特定视觉符号，它代表着企业的形象和文化。企业的服务水平、管理机制及综合实力都可以通过标志来体现。在企业视觉战略推广中，标志起着举足轻重的作用。本章以节能环保标志设计为例，讲解标志的设计方法和制作技巧。

课堂学习目标

- 在 Illustrator 软件中制作标志和标准字
- 在 Photoshop 软件中制作标志图形的立体效果

2.1 节能环保标志设计

【案例学习目标】在 Illustrator 中使用绘图工具和路径查找器面板制作标志；使用文字工具和字符面板制作标准文字。在 Photoshop 中为标志添加图层样式制作标志的立体效果。

【案例知识要点】在 Illustrator 中，使用椭圆工具、钢笔工具、矩形工具、转换锚点工具和路径查找器面板制作标志；使用符号面板添加回收设施图形；使用文字工具和字符面板制作标准文字。在 Photoshop 中，使用椭圆工具、填色命令绘制背景；使用添加图层样式命令制作标志立体效果；使用添加图层蒙版按钮和渐变工具制作倒影效果。节能环保标志效果如图 2-1 所示。

【效果所在位置】光盘/Ch02/效果/节能环保标志设计/节能环保标志.tif。

图 2-1

Illustrator 应用

2.1.1 制作标志

（1）打开 Illustrator 软件，按 Ctrl+N 组合键，新建一个文档，设置文档的宽度为 297mm，高度为 210mm，取向为横向，颜色模式为 CMYK，单击"确定"按钮。

（2）选择"椭圆"工具 ，按住 Shift 键的同时，在适当的位置绘制出一个圆形，如图 2-2 所示。选择"钢笔"工具 ，在适当的位置绘制出一个不规则闭合图形，如图 2-3 所示。

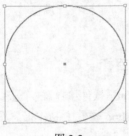
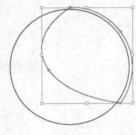

图 2-2　　　　　　　　　　图 2-3

（3）选择"选择"工具 ，用圈选的方法将两个图形同时选取。选择"窗口 > 路径查找器"命令，弹出"路径查找器"面板，单击"减去顶层"按钮 ，如图 2-4 所示，生成新的对象，效果如图 2-5 所示。

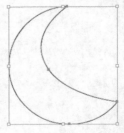

图 2-4　　　　　　　　　　图 2-5

（4）选择"矩形"工具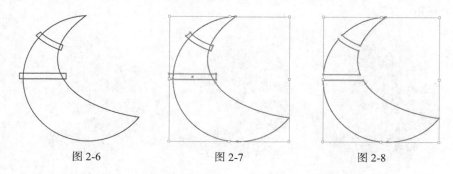和"钢笔"工具，在适当的位置分别绘制图形，如图 2-6 所示。选择"选择"工具，用圈选的方法将两个图形同时选取，如图 2-7 所示。选择"路径查找器"面板，单击"减去顶层"按钮，生成新的对象，效果如图 2-8 所示。

图 2-6　　　　　　　　　图 2-7　　　　　　　　　图 2-8

（5）按 Ctrl+Shift+G 组合键，取消图形编组。选择"选择"工具，选取最下方的图形，设置图形填充颜色为深绿色（其 C、M、Y、K 的值分别为 83、31、98、0），填充图形，并设置描边色为无，效果如图 2-9 所示。

（6）选取中间的图形，设置图形填充颜色为绿色（其 C、M、Y、K 的值分别为 75、0、100、0），填充图形，并设置描边色为无，效果如图 2-10 所示。选取最上方的图形，设置图形填充颜色为浅绿色（其 C、M、Y、K 的值分别为 50、0、100、0），填充图形，并设置描边色为无，效果如图 2-11 所示。

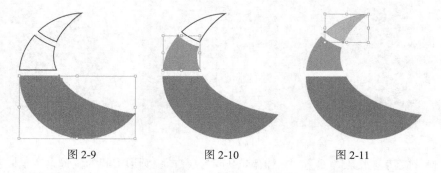

图 2-9　　　　　　　　　图 2-10　　　　　　　　　图 2-11

（7）选择"椭圆"工具，在适当的位置绘制出一个椭圆形，如图 2-12 所示。选择"转换锚点"工具，在椭圆形的上、下锚点上分别单击鼠标左键，将其转换为尖角，效果如图 2-13 所示。选择"选择"工具，设置图形填充颜色为深绿色（其 C、M、Y、K 的值分别为 83、31、98、0），填充图形，并设置描边色为无，效果如图 2-14 所示。

图 2-12　　　　　　　　　图 2-13　　　　　　　　　图 2-14

（8）选择"钢笔"工具 ，在适当的位置绘制出一个不规则的闭合图形，填充图形为白色，并设置描边色为无，效果如图 2-15 所示。选择"选择"工具，按住 Shift 键的同时，将两个图形同时选取，如图 2-16 所示。选择"路径查找器"面板，单击"减去顶层"按钮，生成新的对象，效果如图 2-17 所示。

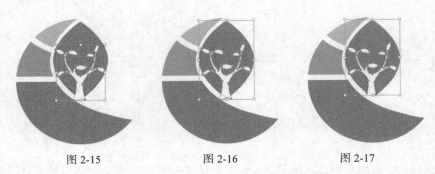

图 2-15　　　　　　　　　　图 2-16　　　　　　　　　　图 2-17

（9）选择"椭圆"工具，按住 Shift 键的同时，在适当的位置绘制出一个圆形，填充图形为白色，并设置描边色为无，效果如图 2-18 所示。选择"圆角矩形"工具，在页面中单击鼠标左键，弹出"圆角矩形"对话框，选项的设置如图 2-19 所示，单击"确定"按钮，得到一个圆角矩形。选择"选择"工具，拖曳圆角矩形到适当的位置，填充图形为白色，并设置描边色为无，效果如图 2-20 所示。

图 2-18　　　　　　　　　　图 2-19　　　　　　　　　　图 2-20

（10）选择"旋转"工具，按住 Alt 键的同时，在白色圆形中间的位置单击鼠标左键，弹出"旋转"对话框，选项的设置如图 2-21 所示，单击"复制"按钮，效果如图 2-22 所示。连续按 Ctrl+D 组合键，按需要再复制出多个图形，效果如图 2-23 所示。

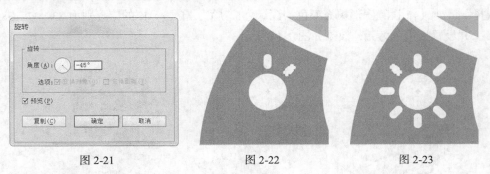

图 2-21　　　　　　　　　　图 2-22　　　　　　　　　　图 2-23

（11）选择"选择"工具，用圈选的方法选取需要的图形，如图 2-24 所示。选择"路径查找器"面板，单击"减去顶层"按钮 ，如图 2-25 所示，生成新的对象，效果如图 2-26 所示。

图 2-24　　　　　　　　　　图 2-25　　　　　　　　　　图 2-26

（12）选择"窗口 > 符号库 > 地图"命令，弹出"地图"面板，选择需要的符号，如图 2-27 所示，拖曳符号到适当的位置，效果如图 2-28 所示。

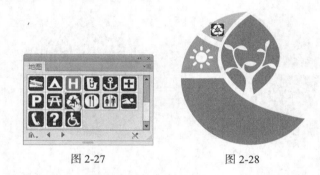

图 2-27　　　　　　　　　　图 2-28

（13）选择"选择"工具 ，在符号图形上单击鼠标右键，在弹出的菜单中选择"断开符号链接"命令，效果如图 2-29 所示。按 Ctrl+Shift+G 组合键，取消图形编组。选取不需要的图形，如图 2-30 所示，按 Delete 键，将其删除，效果如图 2-31 所示。选取白色图形，按住 Alt+Shift 组合键的同时，拖曳右上角的控制手柄，等比例放大图形，如图 2-32 所示。

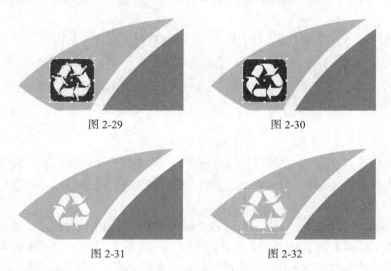

图 2-29　　　　　　　　　　图 2-30

图 2-31　　　　　　　　　　图 2-32

（14）选择"选择"工具 ，按住 Shift 键的同时，单击下方的图形将其同时选取，如图 2-33

所示。选择"路径查找器"面板，单击"减去顶层"按钮![图标]，如图 2-34 所示，生成新的对象，效果如图 2-35 所示。

图 2-33

图 2-34

图 2-35

（15）选择"钢笔"工具![图标]，在适当的位置分别绘制出不规则的闭合图形，如图 2-36 所示。选择"选择"工具![图标]，按住 Shift 键的同时，将所绘制的图形同时选取，设置图形填充颜色为深绿色（其 C、M、Y、K 的值分别为 83、31、98、0），填充图形，并设置描边色为无，效果如图 2-37 所示。

图 2-36

图 2-37

（16）选择"椭圆"工具![图标]，按住 Shift 键的同时，在适当的位置绘制出一个圆形，如图 2-38 所示。选择"选择"工具![图标]，按住 Shift 键的同时，单击下方的图形将其同时选取，按 Ctrl+7 组合键，建立剪切蒙版，效果如图 2-39 所示。

图 2-38

图 2-39

（17）选择"钢笔"工具![图标]，在适当的位置绘制出一个不规则的闭合图形，如图 2-40 所示。设置图形填充颜色为深绿色（其 C、M、Y、K 的值分别为 83、31、98、0），填充图形，并设置描边色为无，效果如图 2-41 所示。

（18）选择"钢笔"工具![图标]，在适当的位置绘制出一个不规则的闭合图形，填充图形为白色，并设置描边色为无，效果如图 2-42 所示。选择"选择"工具![图标]，按住 Shift 键的同时，单击下方的图形将其同时选取，选择"路径查找器"面板，单击"减去顶层"按钮![图标]，如图 2-43 所示，生成新的对象，效果如图 2-44 所示。

图 2-40　　　　　　　　　　图 2-41

图 2-42　　　　　　　　图 2-43　　　　　　　　图 2-44

（19）选择"钢笔"工具 ，在适当的位置绘制出一个不规则的闭合图形，如图 2-45 所示。设置图形填充颜色为深绿色（其 C、M、Y、K 的值分别为 83、31、98、0），填充图形，并设置描边色为无，效果如图 2-46 所示。

图 2-45　　　　　　　　图 2-46

（20）选择"文字"工具 ，在适当的位置分别输入需要的文字，选择"选择"工具 ，在属性栏中分别选择合适的字体并设置文字大小，效果如图 2-47 所示。将输入的文字同时选取，设置文字颜色为深绿色（其 C、M、Y、K 的值分别为 83、31、98、0），填充文字，效果如图 2-48 所示。

图 2-47　　　　　　　　　　图 2-48

（21）选择"选择"工具 ，选取文字"节能环保"，按 Ctrl+T 组合键，弹出"字符"控制面板，将"水平缩放"选项 $\boxed{\text{I}}$ 设置为 120%，如图 2-49 所示。按 Enter 键确认操作，效果如图 2-50 所示。

（22）按 Ctrl+Shift+S 组合键，弹出"存储为"对话框，将其命名为"节能环保标志"，保存为 AI 格式，单击"保存"按钮，将文件保存。

图 2-49   图 2-50

Photoshop 应用

2.1.2　制作标志立体效果

（1）打开 Photoshop 软件，按 Ctrl + N 组合键，新建一个文件，宽度为 21cm，高度为 21cm，分辨率为 300 像素/英寸，颜色模式为 RGB，背景内容为白色，单击"确定"按钮。将前景色设为淡黄色（其 R、G、B 的值分别为 255、252、219），按 Alt+Delete 组合键，用前景色填充"背景"图层，效果如图 2-51 所示。

（2）将前景色设为淡绿色（其 R、G、B 的值分别为 112、218、84），选择"椭圆"工具 $\boxed{\bullet}$，在属性栏中的"选择工具模式"选项中选择"形状"，在图像窗口中拖曳鼠标绘制出一个椭圆形，效果如图 2-52 所示，在"图层"控制面板中生成新的图层"椭圆 1"。

图 2-51   图 2-52

（3）将前景色设为绿色（其 R、G、B 的值分别为 35、172、56），选择"椭圆"工具 $\boxed{\bullet}$，在图像窗口中拖曳鼠标绘制出一个椭圆形，效果如图 2-53 所示，在"图层"控制面板中生成新的图层"椭圆 2"。

（4）将前景色设为深绿色（其 R、G、B 的值分别为 23、134、62），选择"椭圆"工具 $\boxed{\bullet}$，在图像窗口中拖曳鼠标绘制出一个椭圆形，效果如图 2-54 所示，在"图层"控制面板中生成新的图层"椭圆 3"。

图 2-53

图 2-54

（5）选择"文件 > 置入"命令，弹出"置入"对话框，选择光盘中的"Ch02 > 效果 >节能环保标志设计 > 节能环保标志"文件，单击"置入"按钮，弹出"置入 PDF"对话框，单击"确定"按钮，置入图片。拖曳图片到适当的位置并调整其大小，按 Enter 键确认操作，效果如图 2-55 所示，在"图层"控制面板中生成新的图层"节能环保标志"。

（6）选择"图层 > 栅格化 > 智能对象"命令，将智能对象图层转换为普通图层，如图 2-56 所示。

图 2-55

图 2-56

（7）选择"矩形选框"工具，在图像窗口中绘制出矩形选区，如图 2-57 所示。按 Ctrl+X 组合键，剪切选区中的文字。新建图层并将其命名为"标志文字"。按 Ctrl+Shift+V 组合键，将剪切的文字原位粘贴，图层控制面板如图 2-58 所示。

（8）将"节能环保标志"图层拖曳到"图层"控制面板下方的"创建新图层"按钮上进行复制，生成新的图层"节能环保标志 拷贝"。单击该图层左侧的眼睛图标，将"节能环保标志 拷贝"图层隐藏，如图 2-59 所示。

图 2-57

图 2-58

图 2-59

（9）选中"节能环保标志"图层。单击"图层"控制面板下方的"添加图层样式"按钮 **fx.**，在弹出的菜单中选择"斜面和浮雕"命令，弹出对话框，将高亮颜色设为浅绿色（其 R、G、B 的值分别为 141、229、118），将阴影颜色设为淡绿色（其 R、G、B 的值分别为 112、218、84），其他选项的设置如图 2-60 所示，单击"确定"按钮，效果如图 2-61 所示。

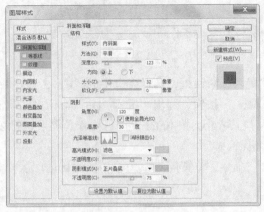

图 2-60   图 2-61

（10）单击"图层"控制面板下方的"添加图层样式"按钮 **fx.**，在弹出的菜单中选择"投影"命令，在弹出的对话框中进行设置，如图 2-62 所示，单击"确定"按钮，效果如图 2-63 所示。

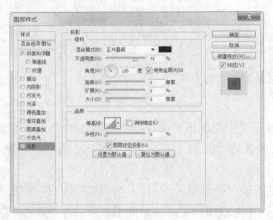

图 2-62   图 2-63

（11）选中并显示"节能环保标志 拷贝"图层，如图 2-64 所示。按 Ctrl+T 组合键，图像周围出现变换框，按住 Shift 键的同时，将中心点垂直向下拖曳到下边中间位置，如图 2-65 所示。在变换框中单击鼠标右键，在弹出的菜单中选择"垂直翻转"命令，垂直翻转图像，按 Enter 键确定操作，效果如图 2-66 所示。

（12）选择"图像 > 调整 > 去色"命令，去除图像颜色，效果如图 2-67 所示。单击"图层"控制面板下方的"添加图层蒙版"按钮 **▣**，为"节能环保标志 拷贝"图层添加图层蒙版，如图 2-68 所示。

图 2-64　　　　　　　　　　　　图 2-65　　　　　　　　　　　　图 2-66

图 2-67　　　　　　　　　　　　　　　　图 2-68

（13）选择"渐变"工具，单击属性栏中的"点按可编辑渐变"按钮，弹出"渐变编辑器"对话框，将渐变色设为黑色到白色，在图像窗口中拖曳渐变色，如图 2-69 所示。松开鼠标左键，效果如图 2-70 所示。

（14）在"图层"控制面板中，将"节能环保标志 拷贝"图层拖曳到"椭圆 1"图层的下方，如图 2-71 所示。

图 2-69　　　　　　　　　　　　图 2-70　　　　　　　　　　　　图 2-71

（15）选中"标志文字"图层。新建图层并将其命名为"边框"。将前景色设为淡黑色（其 R、G、B 的值分别为 62、62、62）。按 Ctrl+A 组合键，图像周围生成选区，选择"编辑 > 描边"命令，弹出"描边"对话框，选项的设置如图 2-72 所示，单击"确定"按钮，效果如图 2-73 所示。按 Ctrl+D 组合键，取消选区，效果如图 2-74 所示。至此，节能环保标志制作完成。

（16）按 Ctrl+Shift+E 组合键，合并可见图层。按 Ctrl+Shift+S 组合键，弹出"存储为"对话框，将其命名为"节能环保标志"，保存图像为 TIFF 格式，单击"保存"按钮，弹出"TIFF 选项"对话框，单击"确定"按钮，将图像保存。

图 2-72

图 2-73

图 2-74

2.2 课后习题——天建电子科技标志设计

【习题知识要点】在 Illustrator 中，使用矩形工具、圆角矩形工具和路径查找器面板绘制天字的左半部分；使用复制命令和镜像工具制作天字右半部分；使用自由扭曲命令制作天字扭曲效果；使用文字工具添加标准字；使用矩形工具、添加锚点工具和直接选择工具改变"建"字部首。在 Photoshop 中，使用图层样式命令制作标志图形的立体效果。天建电子科技标志设计效果如图 2-75 所示。

【效果所在位置】光盘/Ch02/效果/天建电子科技标志设计/天建电子科技标志设计.tif。

图 2-75

第3章
卡片设计

　　卡片，是人们增进交流的一种载体，是传递信息、交流情感的一种方式。卡片的种类繁多，有邀请卡、祝福卡、生日卡、圣诞卡和新年贺卡等。本章以产品宣传卡和音乐会门票的设计为例，讲解卡片的设计方法和制作技巧。

课堂学习目标

- 在 Photoshop 软件中制作卡片背景图
- 在 Illustrator 软件中添加装饰图形和卡片内容

3.1 产品宣传卡设计

【案例学习目标】在 Photoshop 中，学习使用渐变工具、选区工具、变换命令和添加图层样式按钮制作产品宣传卡背景图。在 Illustrator 中，学习使用绘图工具、效果命令、符号面板和文字工具制作产品宣传卡正反面。

【案例知识要点】在 Photoshop 中，使用矩形选框工具、变换命令和填充命令制作放射光效果；使用添加图层蒙版按钮和渐变工具制作放射光渐隐效果；使用叠加颜色命令为图片叠加颜色。在 Illustrator 中，使用矩形工具和倾斜工具制作矩形倾斜效果；使用星形工具、圆角命令、旋转工具和文字工具制作装饰星形；使用符号面板添加符号图形；使用高斯模糊命令为文字添加模糊效果；使用文字工具和填充工具添加标题及相关信息。产品宣传卡效果如图 3-1 所示。

【效果所在位置】光盘/Ch03/效果/产品宣传卡设计/产品宣传卡.ai。

图 3-1

Photoshop 应用

3.1.1 制作背景图

（1）打开 Photoshop 软件，按 Ctrl + N 组合键，新建一个文件，宽度为 6cm，高度为 9cm，分辨率为 300 像素/英寸，颜色模式为 RGB，背景内容为白色，单击"确定"按钮。

（2）选择"渐变"工具█，单击属性栏中的"点按可编辑渐变"按钮████，弹出"渐变编辑器"对话框，在"位置"选项中分别输入 0、50、100 三个位置点，分别设置三个位置点颜色的 RGB 值为 0（26、183、200），50（139、208、224），100（26、183、200），如图 3-2 所示。按住 Shift 键的同时，在图像窗口中由上至下拖曳渐变色，松开鼠标后，效果如图 3-3 所示。

（3）单击"图层"控制面板下方的"创建新组"按钮█，生成新的图层组并将其命名为"放射光"。新建图层并将其命名为"矩形 1"。将前景色设为淡黄色（其 R、G、B 的值分别为 255、253、232）。选择"矩形选框"工具█，在图像窗口中绘制出矩形选区，如图 3-4 所示。

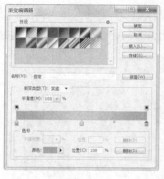

图 3-2　　　　　　　　图 3-3　　　　　　　　图 3-4

（4）选择"选择 > 变换选区"命令，选区周围出现变换框，如图 3-5 所示。在变换框中单击鼠标右键，在弹出的菜单中选择"透视"命令，向右拖曳右下角的控制手柄到适当的位置，调整选区的大小，如图 3-6 所示，按 Enter 键确定操作。按 Alt+Delete 组合键，用前景色填充选区，按 Ctrl+D 组合键，取消选区，效果如图 3-7 所示。

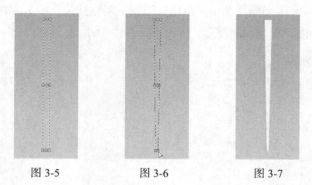

图 3-5　　　　　　　　图 3-6　　　　　　　　图 3-7

（5）按 Ctrl+Alt+T 组合键，在图像周围出现变换框，按住 Alt 键的同时，拖曳中心点到控制手柄下边中间的位置，如图 3-8 所示。将图形旋转到适当的角度，如图 3-9 所示，按 Enter 键确定操作，效果如图 3-10 所示。连续按 Ctrl+Shift+Alt+T 组合键，按需要再复制出多个图形，如图 3-11 所示。单击"放射光"图层组左侧的三角形图标▼，将"放射光"图层组中的图层隐藏。

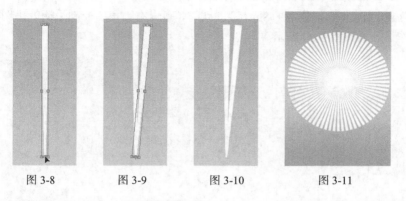

图 3-8　　　　　图 3-9　　　　　图 3-10　　　　　图 3-11

（6）单击"图层"控制面板下方的"添加图层蒙版"按钮 ，为"放射光"图层组添加图层蒙版，如图 3-12 所示。选择"渐变"工具 ，单击属性栏中的"点按可编辑渐变"按钮 ，

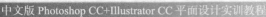

弹出"渐变编辑器"对话框,将渐变色设为白色到黑色。选中属性栏中的"径向渐变"按钮,在图像窗口中从中心向右下角拖曳渐变色,如图 3-13 所示,松开鼠标左键,效果如图 3-14 所示。

图 3-12   图 3-13   图 3-14

(7)新建图层并将其命名为"羽化圆"。选择"椭圆选框"工具,按住 Shift 键的同时,在图像窗口中拖曳鼠标绘制出圆形选区,效果如图 3-15 所示。按 Shift+F6 组合键,弹出"羽化选区"对话框,选项的设置如图 3-16 所示,单击"确定"按钮,羽化选区。按 Alt+Delete 组合键,用前景色填充选区,按 Ctrl+D 组合键,取消选区,效果如图 3-17 所示。

图 3-15   图 3-16   图 3-17

(8)在"图层"控制面板中,按住 Shift 键的同时,单击"放射光"图层组将其同时选取,如图 3-18 所示。按 Ctrl+E 组合键,合并图层并将其命名为"放射光",如图 3-19 所示。按 Ctrl+T 组合键,在图像周围出现变换框,按住 Alt+Shift 键的同时,拖曳右上角的控制手柄等比例放大图形,按 Enter 键确定操作,效果如图 3-20 所示。

图 3-18   图 3-19   图 3-20

（9）按 Ctrl+J 组合键，复制"放射光"图层，生成新的图层"放射光 拷贝"，如图 3-21 所示。单击"图层"控制面板下方的"添加图层样式"按钮 fx，在弹出的菜单中选择"颜色叠加"命令，弹出对话框，将叠加颜色设为白色，其他选项的设置如图 3-22 所示，单击"确定"按钮，效果如图 3-23 所示。

图 3-21　　　　　　　　　　　　　图 3-22　　　　　　　　　　图 3-23

（10）单击"图层"控制面板下方的"添加图层蒙版"按钮，为"放射光 拷贝"图层添加图层蒙版，如图 3-24 所示。选择"渐变"工具，单击属性栏中的"点按可编辑渐变"按钮，弹出"渐变编辑器"对话框，将渐变色设为黑色到白色，选中属性栏中的"线性渐变"按钮，在图像窗口中从中心向上拖曳渐变色，松开鼠标左键，效果如图 3-25 所示。

图 3-24　　　　　　　　　　图 3-25

（11）按 Ctrl+J 组合键，复制"放射光 拷贝"图层，生成新的图层"放射光 拷贝 2"。双击"颜色叠加"选项，弹出对话框，将叠加颜色设为黄色（其 R、G、B 的值分别为 255、241、186），其他选项的设置如图 3-26 所示，单击"确定"按钮，效果如图 3-27 所示。

（12）按 Ctrl+T 组合键，在图像周围出现变换框，将鼠标指针放在变换框的控制手柄外边，指针变为旋转图标，拖曳鼠标将图像旋转到适当的角度，按 Enter 键确定操作，效果如图 3-28 所示。至此，产品宣传卡背景图制作完成。

（13）按 Shift+Ctrl+E 组合键，合并可见图层。按 Ctrl+Shift+S 组合键，弹出"存储为"对话框，将其命名为"产品宣传卡背景图"，保存为 JPEG 格式。单击"保存"按钮，弹出"JPEG 选项"对话框；单击"确定"按钮，将图像保存。

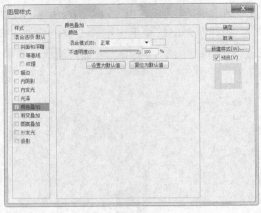

图 3-26　　　　　　　　　　图 3-27　　　　　图 3-28

Illustrator 应用

3.1.2　制作宣传卡正面

（1）打开 Illustrator 软件，按 Ctrl+N 组合键，新建一个文档，设置文档的宽度为 60mm，高度为 90mm，取向为横向，颜色模式为 CMYK，单击"确定"按钮。

（2）选择"文件 > 置入"命令，弹出"置入"对话框，选择光盘中的"Ch03 > 效果 > 产品宣传卡设计 > 产品宣传卡背景图"文件，单击"置入"按钮，将图片置入页面中，单击属性栏中的"嵌入"按钮，嵌入图片。选择"选择"工具，拖曳图片到适当的位置，效果如图 3-29 所示。

（3）选择"矩形"工具，在适当的位置拖曳鼠标绘制出一个矩形，填充图形为白色，并设置描边色为无，效果如图 3-30 所示。

图 3-29　　　　　　图 3-30

（4）双击"倾斜"工具，弹出"倾斜"对话框，选项的设置如图 3-31 所示，单击"确定"按钮，效果如图 3-32 所示。

（5）选择"选择"工具，按住 Alt+Shift 组合键的同时，水平向上拖曳图形到适当的位置复制图形。设置图形填充颜色为红色（其 C、M、Y、K 的值分别为 0、100、100、10），填充图形，效果如图 3-33 所示。

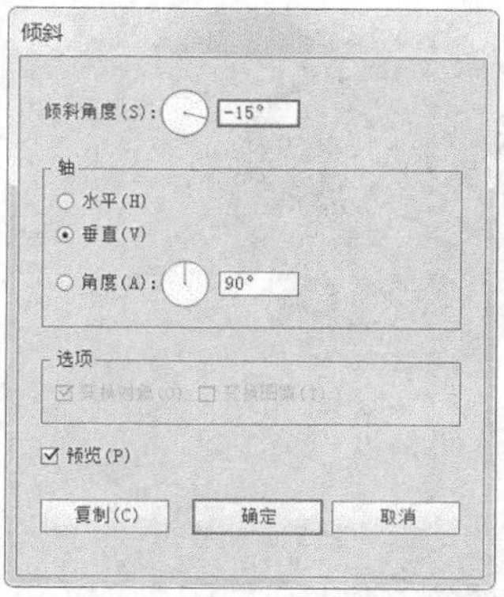

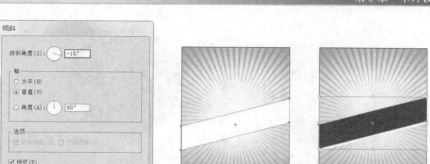

图 3-31

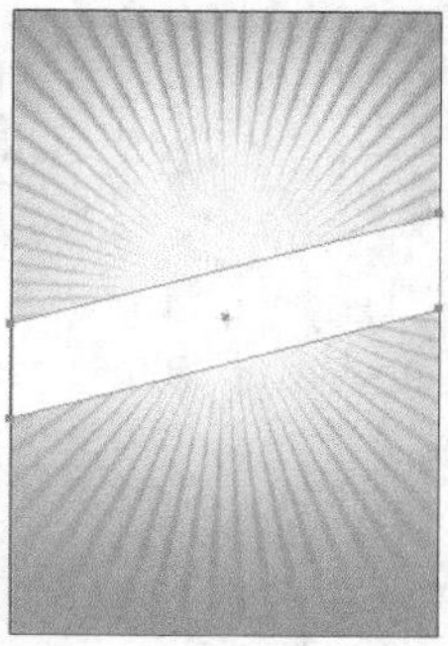

图 3-32

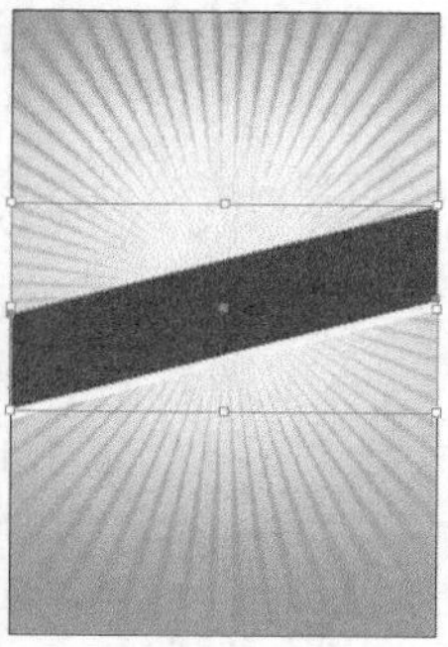

图 3-33

（6）选择“星形”工具，在页面外单击鼠标左键，弹出“星形”对话框，选项的设置如图 3-34 所示。单击“确定”按钮，得到一个多角星形，如图 3-35 所示。

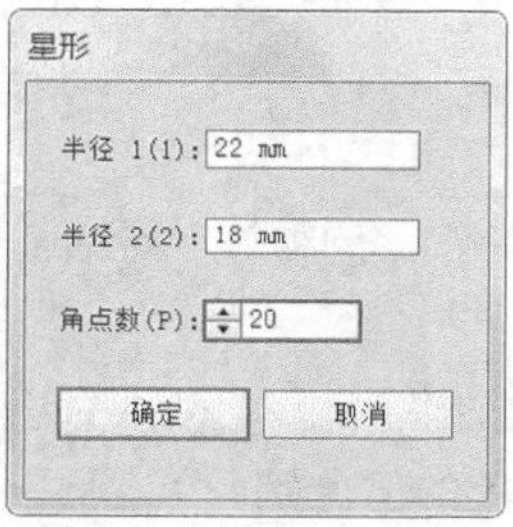

图 3-34

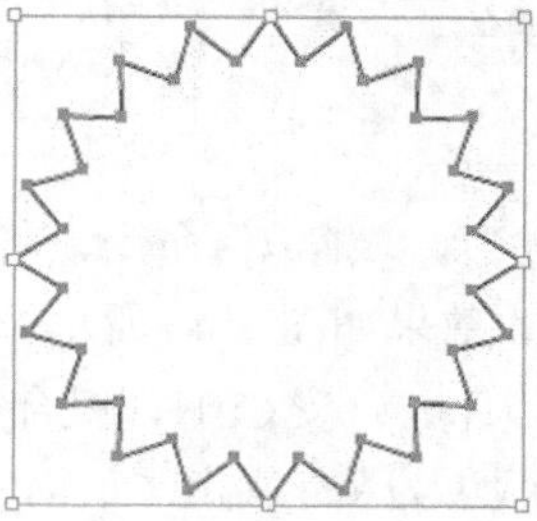

图 3-35

（7）选择“效果 > 风格化 > 圆角”命令，在弹出的对话框中进行设置，如图 3-36 所示；单击“确定”按钮，效果如图 3-37 所示。设置图形填充颜色为红色（其 C、M、Y、K 的值分别为 0、100、100、10），填充图形，并设置描边色为无，效果如图 3-38 所示。

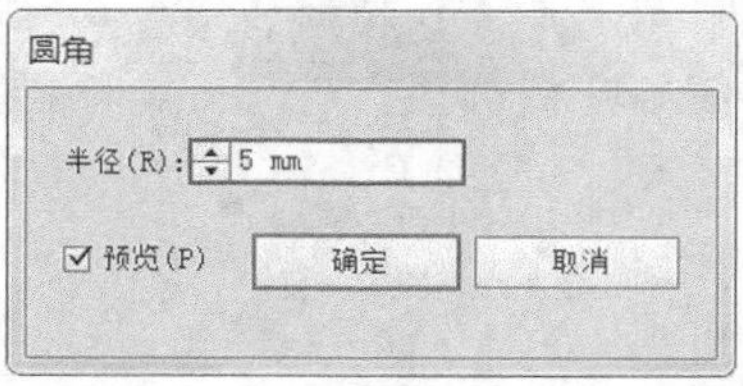

图 3-36

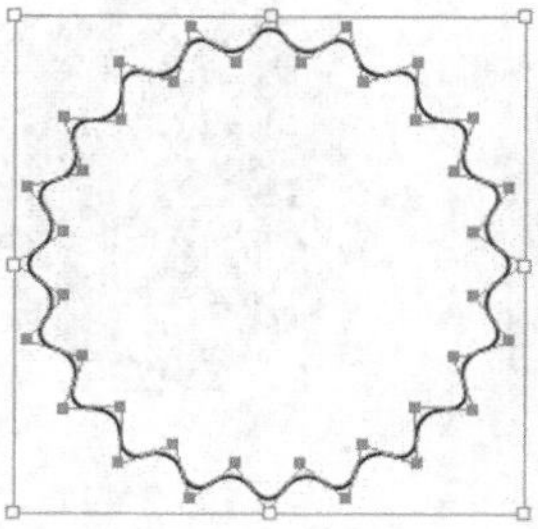

图 3-37

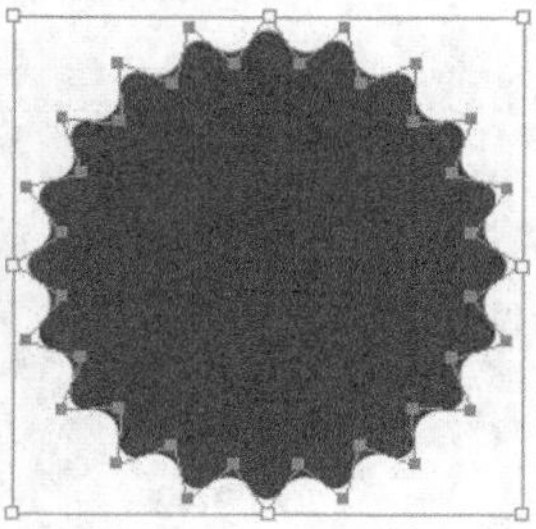

图 3-38

（8）双击“旋转”工具，弹出“旋转”对话框，选项的设置如图 3-39 所示，单击“复制”按钮，效果如图 3-40 所示。

（9）保持图形选取状态。设置描边色为浅黄色（其 C、M、Y、K 的值分别为 0、0、50、0），填充描边；选择“窗口 > 描边”命令，弹出“描边”控制面板，单击“对齐描边”选项中的“使描边外侧对齐”按钮，其他选项的设置如图 3-41 所示，按 Enter 键，描边效果如图 3-42 所示。

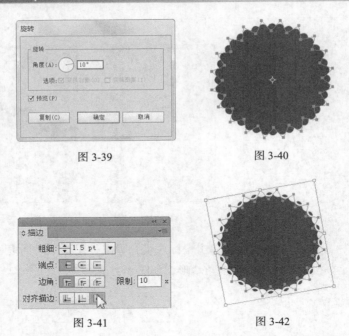

图 3-39   图 3-40

图 3-41   图 3-42

（10）选择"对象 > 变换 > 缩放"命令，在弹出的"比例缩放"对话框中进行设置，如图 3-43 所示，单击"确定"按钮，效果如图 3-44 所示。

（11）选择"选择"工具 ，按 Ctrl+C 组合键，复制图形，按 Ctrl+F 组合键，将复制的图形粘贴在前面。设置图形填充颜色为黄色（其 C、M、Y、K 的值分别为 0、15、100、10），填充图形，并设置描边色为无，效果如图 3-45 所示。

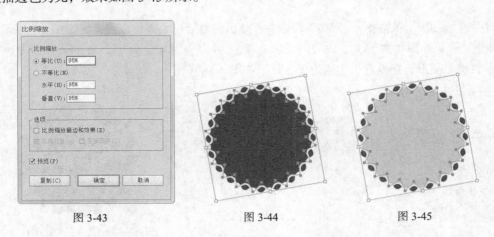

图 3-43   图 3-44   图 3-45

（12）选择"效果 > 风格化 > 内发光"命令，在弹出的对话框中进行设置，如图 3-46 所示；单击"确定"按钮，效果如图 3-47 所示。

（13）选择"文字"工具 ，在适当的位置分别输入需要的文字，选择"选择"工具 ，在属性栏中分别选择合适的字体并设置文字大小，填充文字为白色，效果如图 3-48 所示。选取数字"50"，在属性栏中选择合适的字体并设置文字大小，效果如图 3-49 所示。

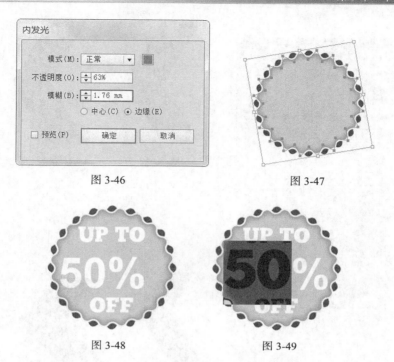

图 3-46　　　　　　　　　　　　　　　　图 3-47

图 3-48　　　　　　　　　　　　　图 3-49

（14）选择"选择"工具 ，按住 Shift 键的同时，依次单击将输入的文字同时选取，如图 3-50 所示。设置文字描边色为土黄色（其 C、M、Y、K 的值分别为 0、30、100、0），填充文字描边，效果如图 3-51 所示。用圈选的方法将文字和图形同时选取，并将其拖曳到页面中适当的位置，效果如图 3-52 所示。

图 3-50　　　　　　　　　　图 3-51　　　　　　　　　　图 3-52

（15）选择"窗口 > 符号库 > 箭头"命令，弹出"箭头"面板，选择需要的符号，如图 3-53 所示，拖曳符号到适当的位置，效果如图 3-54 所示。在符号图形上单击鼠标右键，在弹出的菜单中选择"断开符号链接"命令，效果如图 3-55 所示。

（16）保持图形选取状态。选择"对象 > 变换 > 缩放"命令，在弹出的"比例缩放"对话框中进行设置，如图 3-56 所示，单击"确定"按钮，效果如图 3-57 所示。选择"选择"工具 ，按住 Alt 键的同时，向下拖曳上边中间的控制手柄，并调整其大小，效果如图 3-58 所示。

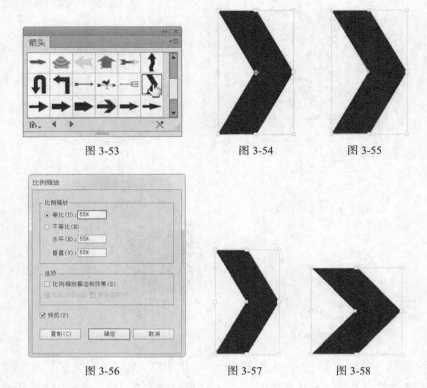

图 3-53　　　　　　　图 3-54　　　　　　图 3-55

图 3-56　　　　　　　图 3-57　　　　　　图 3-58

（17）保持图形选取状态。设置图形填充颜色为土黄色（其 C、M、Y、K 的值分别为 0、30、100、0），填充图形，并设置描边色为无，效果如图 3-59 所示。按住 Alt+Shift 组合键的同时，水平向左拖曳图形到适当的位置复制图形，并调整其大小，效果如图 3-60 所示。填充图形为白色，用圈选的方法将所绘制的图形同时选取，按 Ctrl+G 组合键，将其编组，拖曳编组图形到页面中适当的位置，并旋转到适当的角度，效果如图 3-61 所示。

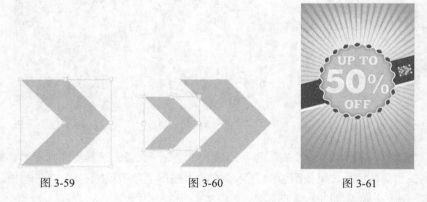

图 3-59　　　　　　　图 3-60　　　　　　图 3-61

（18）双击"旋转"工具 ，弹出"旋转"对话框，选项的设置如图 3-62 所示，单击"复制"按钮。选择"选择"工具 ，向左拖曳复制的图形到适当的位置，效果如图 3-63 所示。

（19）选择"文字"工具 T ，在适当的位置分别输入需要的文字，选择"选择"工具 ，在属性栏中选择合适的字体并设置文字大小，效果如图 3-64 所示。按住 Shift 键的同时，将输入的文字同时选取，按 Ctrl+C 组合键，复制文字，按 Ctrl+B 组合键，将复制的文字粘贴在后面，填充文字为白色，并设置描边色为白色，在属性栏中将"描边粗细"选项设置为 3pt，按 Enter 键，效果如图 3-65 所示。

图 3-62

图 3-63

图 3-64

图 3-65

（20）选择"选择"工具，按住 Shift 键的同时，依次单击黑色文字将其同时选取，按 Shift+Ctrl+O 组合键，将文字转化为轮廓路径，效果如图 3-66 所示。选择"对象 > 扩展"命令，扩展文字外观，效果如图 3-67 所示。

图 3-66

图 3-67

（21）选取后方的白色文字，选择"效果 > 模糊 > 高斯模糊"命令，在弹出的对话框中进行设置，如图 3-68 所示，单击"确定"按钮，效果如图 3-69 所示。

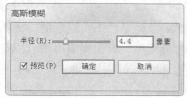

图 3-68

图 3-69

（22）选择"选择"工具，选取需要的文字，如图 3-70 所示。设置文字为黄色（其 C、M、Y、K 的值分别为 0、15、100、10），填充文字，效果如图 3-71 所示。

图 3-70

图 3-71

（23）选择"效果 > 风格化 > 内发光"命令，在弹出的对话框中进行设置，如图 3-72 所示，单击"确定"按钮，效果如图 3-73 所示。

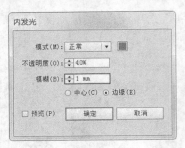

图 3-72   图 3-73

（24）选择"选择"工具 ，选取需要的文字，设置文字为红色（其 C、M、Y、K 的值分别为 0、100、100、10），填充文字，效果如图 3-74 所示。按住 Shift 键的同时，依次单击需要的文字图形将其同时选取，并旋转到适当的角度，效果如图 3-75 所示。

图 3-74   图 3-75

（25）选择"椭圆"工具 ，按住 Shift 键的同时，在适当的位置绘制出一个圆形，设置图形填充颜色为大红色（其 C、M、Y、K 的值分别为 0、100、100、0），填充图形，并设置描边色为无，效果如图 3-76 所示。

（26）选择"选择"工具 ，按 Ctrl+C 组合键，复制图形，按 Ctrl+F 组合键，将复制的图形粘贴在前面。按住 Alt+Shift 组合键的同时，拖曳右上角的控制手柄，等比例缩小图形，填充图形为白色，效果如图 3-77 所示。按住 Shift 键的同时，单击红色的圆将其同时选取，按 Ctrl+8 组合键，建立复合路径，效果如图 3-78 所示。

图 3-76   图 3-77   图 3-78

（27）选择"钢笔"工具 ，在适当的位置绘制出一个不规则的图形，设置图形填充颜色为大

红色（其 C、M、Y、K 的值分别为 0、100、100、0），填充图形，并设置描边色为无，效果如图 3-79 所示。

（28）选择"文字"工具 T，在适当的位置输入需要的文字，选择"选择"工具 ，在属性栏中选择合适的字体并设置文字大小，效果如图 3-80 所示。

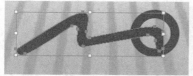

图 3-79　　　　　　　　　　　　　　　　图 3-80

（29）选择"文字"工具 T，在适当的位置输入需要的文字，选择"选择"工具 ，在属性栏中选择合适的字体并设置文字大小，填充文字为白色，效果如图 3-81 所示。按住 Shift 键的同时，在页面中选取需要的图形和文字，如图 3-82 所示，按 Ctrl+C 组合键，复制图形和文字。

图 3-81　　　　　　　　　　　　　图 3-82

3.1.3　制作宣传卡反面

（1）选择"窗口 > 图层"命令，弹出"图层"控制面板，单击面板下方的"创建新图层"按钮 ，得到一个"图层 2"图层，如图 3-83 所示。单击"图层 1"图层左侧的眼睛图标 ，将"图层 1"图层隐藏，如图 3-84 所示。

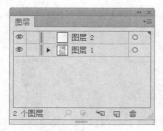
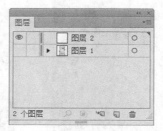

图 3-83　　　　　　　　　图 3-84

（2）按 Ctrl+Shift+V 组合键，将复制的图形和文字原位粘贴，如图 3-85 所示。选择"选择"工具 ，按住 Shift 键的同时，选取需要的图形，并水平向上拖曳图形到适当的位置，效果如图 3-86

所示。使用相同的方法调整其他图形和文字的位置，并调整其大小，效果如图 3-87 所示。

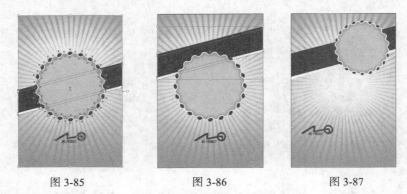

图 3-85　　　　　　　　　　图 3-86　　　　　　　　　　图 3-87

（3）选择"椭圆"工具 ，按住 Shift 键的同时，在适当的位置绘制出一个圆形，填充图形为白色，并设置描边色为无，效果如图 3-88 所示。选择"效果 > 模糊 > 高斯模糊"命令，在弹出的对话框中进行设置，如图 3-89 所示，单击"确定"按钮，效果如图 3-90 所示。

图 3-88　　　　　　　　　　图 3-89　　　　　　　　　　图 3-90

（4）选择"文件 > 置入"命令，弹出"置入"对话框，选择光盘中的"Ch03 > 素材 >产品宣传卡设计 > 01"文件，单击"置入"按钮，将图片置入页面中，单击属性栏中的"嵌入"按钮，嵌入图片。选择"选择"工具 ，拖曳图片到适当的位置并调整其大小，效果如图 3-91 所示。

（5）选择"文字"工具 T ，在适当的位置分别输入需要的文字，选择"选择"工具 ，在属性栏中选择合适的字体并设置文字大小，效果如图 3-92 所示。

图 3-91　　　　　　　　　　图 3-92

（6）选择"选择"工具 ，选取文字"BEST"，设置文字为黄色（其 C、M、Y、K 的值分别为 0、40、100、0），填充文字，效果如图 3-93 所示。选取文字"DEAL"，设置文字为红色（其 C、M、Y、K 的值分别为 0、100、90、0），填充文字，效果如图 3-94 所示。

图 3-93   图 3-94

（7）选择"选择"工具，按住 Shift 键的同时，单击上方的文字将其同时选取，如图 3-95 所示。双击"旋转"工具，弹出"旋转"对话框，选项的设置如图 3-96 所示，单击"确定"按钮，效果如图 3-97 所示。使用相同的方法输入其他文字，填充相应的颜色并将其旋转到适当的角度，效果如图 3-98 所示。

图 3-95   图 3-96

图 3-97   图 3-98

（8）选择"圆角矩形"工具，在页面中单击鼠标左键，弹出"圆角矩形"对话框，选项的设置如图 3-99 所示，单击"确定"按钮，得到一个圆角矩形。选择"选择"工具，拖曳圆角矩形到适当的位置，填充图形为白色，并设置描边色为无，效果如图 3-100 所示。

（9）保持图形选取状态。在属性栏中将"不透明度"选项设为 50%，效果如图 3-101 所示。连续按 Ctrl+ [组合键，向后移动图形到适当的位置，效果如图 3-102 所示。

图 3-99

（10）选择"文字"工具，在适当的位置输入需要的文字，选择"选择"工具，在属性栏中选择合适的字体并设置文字大小。设置文字为红色（其 C、M、Y、K 的值分别为 0、100、90、0），填充文字，效果如图 3-103 所示。

图 3-100 图 3-101 图 3-102 图 3-103

（11）选择"文字"工具 T ，在适当的位置输入需要的文字，选择"选择"工具 ，在属性栏中选择合适的字体并设置文字大小，效果如图 3-104 所示。

（12）按 Ctrl+T 组合键，弹出"字符"控制面板，将"设置行距"选项 设为 7，其他选项的设置如图 3-105 所示，按 Enter 键，效果如图 3-106 所示。

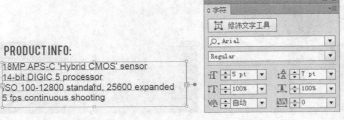

图 3-104 图 3-105 图 3-106

（13）选择"文字"工具 T ，在适当的位置单击插入光标，如图 3-107 所示。选择"文字 > 字形"命令，在弹出的"字形"面板中按需要进行设置并选择需要的字形，如图 3-108 所示，双击鼠标左键插入字形，效果如图 3-109 所示。用相同的方法在适当的位置再次插入字形，效果如图 3-110 所示。

PRODUCTINFO:

18MP APS-C 'Hybrid CMOS' sensor
14-bit DIGIC 5 processor
ISO 100-12800 standard, 25600 expanded
5 fps continuous shooting

图 3-107 图 3-108

PRODUCTINFO:

● 18MP APS-C 'Hybrid CMOS' sensor
14-bit DIGIC 5 processor
ISO 100-12800 standard, 25600 expanded
5 fps continuous shooting

PRODUCTINFO:

● 18MP APS-C 'Hybrid CMOS' sensor
● 14-bit DIGIC 5 processor
● ISO 100-12800 standard, 25600 expanded
● 5 fps continuous shooting

图 3-109 图 3-110

（14）选择"矩形"工具▣，在适当的位置拖曳鼠标绘制出一个矩形，填充图形为白色，并设置描边色为无，效果如图 3-111 所示。双击"倾斜"工具 ⬭，弹出"倾斜"对话框，选项的设置如图 3-112 所示，单击"确定"按钮，效果如图 3-113 所示。

图 3-111　　　　　　　　　　　　图 3-112　　　　　　　　　　　　图 3-113

（15）选择"选择"工具▶，按住 Alt 键的同时，向右拖曳图形到适当的位置复制图形。设置图形填充颜色为大红色（其 C、M、Y、K 的值分别为 0、100、100、0），填充图形，效果如图 3-114 所示。

（16）选择"文字"工具 T，在适当的位置分别输入需要的文字，选择"选择"工具▶，在属性栏中分别选择合适的字体并设置文字大小，效果如图 3-115 所示。

图 3-114　　　　　　　　　　　　　　　图 3-115

（17）选择"选择"工具▶，将输入的文字同时选取，设置文字为黄色（其 C、M、Y、K 的值分别为 0、15、100、0），填充文字，效果如图 3-116 所示。将光标移动到右上角的控制手柄上，指针变为旋转图标↶，向上拖曳并将其旋转到适当的角度，效果如图 3-117 所示。

图 3-116　　　　　　　　　　　　图 3-117

（18）选择"文字"工具 T，在适当的位置输入需要的文字，选择"选择"工具▶，在属性栏中选择合适的字体并设置文字大小。设置文字为红色（其 C、M、Y、K 的值分别为 0、100、90、0），填充文字，效果如图 3-118 所示。

（19）选择"文字"工具 T ，选取英文"Visit our store"，设置文字为蓝色（其 C、M、Y、K 的值分别为 65、0、17、0），填充文字，效果如图 3-119 所示。选择"选择"工具 ，选取需要的文字，填充文字描边为白色，在属性栏中将"描边粗细"选项设置为 0.5pt，按 Enter 键，效果如图 3-120 所示。

图 3-118

图 3-119

图 3-120

（20）选择"文件 > 置入"命令，弹出"置入"对话框，选择光盘中的"Ch03> 素材 >产品宣传卡设计 > 02"文件，单击"置入"按钮，将图片置入页面中，单击属性栏中的"嵌入"按钮，嵌入图片。选择"选择"工具 ，拖曳图片到适当的位置并调整其大小，效果如图 3-121 所示。

（21）选择"矩形"工具 ，在适当的位置拖曳鼠标绘制出一个矩形，设置图形填充颜色为红色（其 C、M、Y、K 的值分别为 0、100、90、0），填充图形，并设置描边色为无，效果如图 3-122 所示。

图 3-121

图 3-122

（22）选择"文字"工具 T ，在适当的位置分别输入需要的文字，选择"选择"工具 ，在属性栏中分别选择合适的字体并设置文字大小，填充文字为白色，效果如图 3-123 所示。

（23）选取需要的文字，按 Ctrl+T 组合键，弹出"字符"控制面板，将"设置行距"选项 设为 9，其他选项的设置如图 3-124 所示，按 Enter 键，效果如图 3-125 所示。

（24）选择"圆角矩形"工具 ，在页面中单击鼠标左键，弹出"圆角矩形"对话框，选项的设置如图 3-126 所示，单击"确定"按钮，得到一个圆角矩形。选择"选择"工具 ，拖曳圆角矩形到适当的位置，设置图形填充颜色为浅黄色（其 C、M、Y、K 的值分别为 0、20、70、0），填充图形，效果如图 3-127 所示。

图 3-123　　　　　　　　　　图 3-124　　　　　　　　　　图 3-125

图 3-126　　　　　　　　　　　　图 3-127

（25）选择"窗口 > 符号库 > 艺术文理"命令，弹出"艺术文理"面板，选择需要的符号，如图 3-128 所示，拖曳符号到适当的位置，效果如图 3-129 所示。

（26）选择"选择"工具 ，在符号图形上单击鼠标右键，在弹出的菜单中选择"断开符号链接"命令，效果如图 3-130 所示。设置描边色为红色（其 C、M、Y、K 的值分别为 100、90、0、0），填充描边，效果如图 3-131 所示。

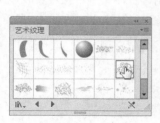

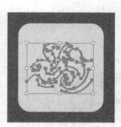

图 3-128　　　　　　　图 3-129　　　　　　　图 3-130　　　　　　　图 3-131

（27）选择"选择"工具 ，选取下方的圆角矩形，按住 Alt+Shift 组合键的同时，水平向右拖曳图形到适当的位置复制图形，效果如图 3-132 所示。

（28）选择"文字"工具 T ，在适当的位置输入需要的文字，选择"选择"工具 ，在属性栏中选择合适的字体并设置文字大小，设置文字为红色（其 C、M、Y、K 的值分别为 0、100、90、0），填充文字，效果如图 3-133 所示。

图 3-132　　　　　　　　　　　　图 3-133

（29）至此，产品宣传卡制作完成，效果如图 3-134 所示。按 Ctrl+S 组合键，弹出"存储为"对话框，将其命名为"产品宣传卡"，保存为 AI 格式，单击"保存"按钮，将文件保存。

图 3-134

3.2 音乐会门票设计

【案例学习目标】在 Photoshop 中，学习使用图层面板、滤镜命令和画笔工具制作宣传背景效果。在 Illustrator 中，学习使用绘图工具、文字工具和字符面板制作门票信息和副券。

【案例知识要点】在 Photoshop 中，使用杂色滤镜和矩形选框工具绘制背景效果；使用图层面板和画笔工具制作图片融合效果；使用直线工具和图层样式面板制作立体线条。在 Illustrator 中，使用置入命令和对齐面板添加底图；使用文本工具、字符面板和填充工具制作主体文字；使用直线段工具和描边面板添加区隔线。音乐会门票设计效果如图 3-135 所示。

【效果所在位置】光盘/Ch09/效果/音乐会门票设计/音乐会门票.ai。

图 3-135

Photoshop 应用

3.2.1 添加参考线

（1）按 Ctrl + N 组合键，新建一个文件，宽度为 15.24m，高度为 5.72cm，分辨率为 300 像素/英寸，颜色模式为 RGB，背景内容为白色。选择"视图 > 新建参考线"命令，在弹出的对话框中进行设置，如图 3-136 所示，单击"确定"按钮，效果如图 3-137 所示。用相同的方法在 10.24cm

和 14.94cm 处新建参考线，如图 3-138 所示。

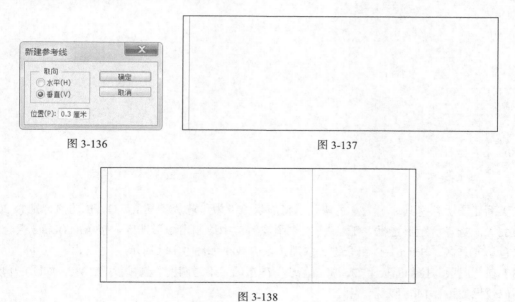

图 3-136　　　　　　　　　　　　　　　　　图 3-137

图 3-138

（2）选择"视图 > 新建参考线"命令，在弹出的对话框中进行设置，如图 3-139 所示，单击"确定"按钮，效果如图 3-140 所示。用相同的方法在 5.42cm 处新建参考线，如图 3-141 所示。

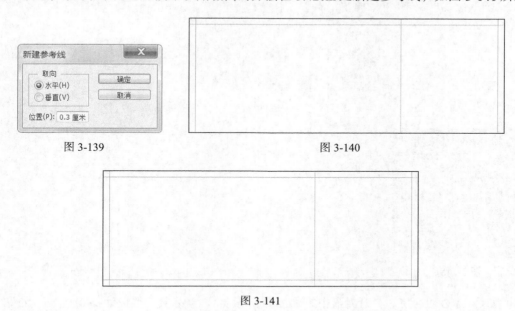

图 3-139　　　　　　　　　　　　　　　　　图 3-140

图 3-141

3.2.2　制作背景效果

（1）选择"滤镜 > 杂色 > 添加杂色"命令，在弹出的对话框中进行设置，如图 3-142 所示，单击"确定"按钮，效果如图 3-143 所示。

图 3-142

图 3-143

（2）新建图层并将其命名为"色块"。将前景色设为珍珠灰（其 R、G、B 的值分别为 204、177、162）。选择"矩形选框"工具 ，在图像窗口中绘制出矩形选区。按 Alt+Delete 组合键，用前景色填充选区，按 Ctrl+D 组合键，取消选区，效果如图 3-144 所示。

（3）在"图层"控制面板上方，将"色块"图层的"不透明度"选项设为 10%，如图 3-145 所示，图像效果如图 3-146 所示。

图 3-144

图 3-145

图 3-146

（4）按 Ctrl + O 组合键，打开光盘中的"Ch03 > 素材 > 音乐会门票设计 > 01、02"文件，选择"移动"工具 ，分别将图片拖曳到图像窗口中适当的位置，并分别调整其大小，效果如图 3-147 所示，在"图层"控制面板中分别生成新图层并将其命名为"墨色 1"和"墨色 2"。

（5）按 Ctrl + O 组合键，打开光盘中的"Ch03 > 素材 > 音乐会门票设计 > 03"文件，选择"移动"工具 ，将图片拖曳到图像窗口中适当的位置，并调整其大小，效果如图 3-148 所示，在"图层"控制面板中分别生成新图层并将其命名为"颜色"。

图 3-147

图 3-148

（6）在"图层"控制面板上方，将"颜色"图层的混合模式选项设为"亮度"，如图 3-149 所示，图像效果如图 3-150 所示。

图 3-149

图 3-150

（7）单击"图层"控制面板下方的"添加图层蒙版"按钮，为"颜色"图层添加图层蒙版，如图 3-151 所示。将前景色设为黑色。选择"画笔"工具，在属性栏中单击"画笔"选项右侧的按钮，在弹出的面板中选择需要的画笔形状，如图 3-152 所示，在图像窗口中拖曳鼠标擦除不需要的图像，效果如图 3-153 所示。

图 3-151

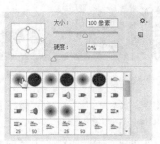

图 3-152

图 3-153

（8）单击"图层"控制面板下方的"创建新的填充或调整图层"按钮 ，在弹出的菜单中选择"色相/饱和度"命令，在"图层"控制面板中生成"色相/饱和度 1"图层，同时在弹出的"色相/饱和度"面板中进行设置，将下方的"此调整剪切到此图层"按钮 处于选取状态，如图 3-154 所示，按 Enter 键确认操作，图像效果如图 3-155 所示。

（9）按 Ctrl + O 组合键，打开光盘中的"Ch03 > 素材 > 音乐会门票设计 > 04"文件，选择"移动"工具，将图片拖曳到图像窗口中适当的位置，并调整其大小，效果如图 3-156 所示，在"图层"控制面板中分别生成新图层并将其命名为"人物剪影"。

图 3-154

图 3-155

图 3-156

（10）新建图层并将其命名为"线"。选择"直线"工具，在属性栏的"选择工具模式"选项中选择"像素"，将"粗细"选项设为 4 像素，在图像窗口中适当的位置绘制出多条直线，如图 3-157 所示。单击"图层"控制面板下方的"添加图层样式"按钮，在弹出的菜单中选择"斜面和浮雕"命令，在弹出的对话框中进行设置，如图 3-158 所示。

图 3-157

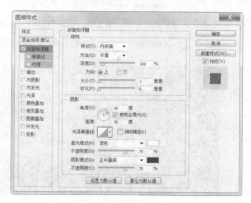

图 3-158

（11）选择对话框左侧的"纹理"选项，切换到相应的对话框，单击"图案"选项右侧的按钮，单击面板右上方的 ⚙ 按钮，在弹出的菜单中选择"艺术表面"命令，弹出提示对话框，单击"追加"按钮。在面板中选择需要的纹理，如图 3-159 所示，其他选项的设置如图 3-160 所示。

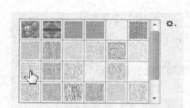

图 3-159

图 3-160

（12）选择对话框左侧的"渐变叠加"选项，切换到相应的对话框，单击"渐变"选项右侧的"点按可编辑渐变"按钮，弹出"渐变编辑器"对话框，将渐变色设为从黑色到白色，单击"确定"按钮，返回到"图层样式"对话框，其他选项的设置如图 3-161 所示，单击"确定"按钮，效果如图 3-162 所示。

图 3-161

图 3-162

（13）选择"移动"工具 ，按住 Alt 键的同时，拖曳图形到适当的位置复制图形，效果如图 3-163 所示，在"图层"控制面板中生成新的图层"线 拷贝"。

图 3-163

（14）单击"图层"控制面板下方的"创建新的填充或调整图层"按钮 ，在弹出的菜单中选择"渐变映射"命令，在"图层"控制面板中生成"渐变映射 1"图层，同时弹出"渐变映射"面板，如图 3-164 所示。单击"点按可编辑渐变"按钮 ，弹出"渐变编辑器"对话框，在"预设"选项中选择"紫，橙渐变"，如图 3-165 所示，单击"确定"按钮，图像效果如图 3-166 所示。

图 3-164

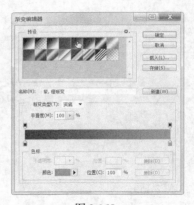

图 3-165

图 3-166

（15）在"图层"控制面板上方，将"渐变映射 1"图层的混合模式选项设为"叠加"，如图 3-167 所示，图像效果如图 3-168 所示。

（16）按 Shift+Ctrl+E 组合键，合并可见图层。按 Ctrl+S 组合键，弹出"存储为"对话框，将其命名为"音乐会门票背景"，保存为 JPEG 格式，单击"保存"按钮，弹出"JPEG 选项"对话框，单击"确定"按钮，将图像保存。

图 3-167

图 3-168

Illustrator 应用

3.2.3　添加门票信息

（1）打开 Illustrator 软件，按 Ctrl+N 组合键，新建一个文档，设置文档的宽度为 152.4mm，高度为 57.2mm，颜色模式为 CMYK，单击"确定"按钮。选择"文件 > 置入"命令，弹出"置入"对话框，选择光盘中的"Ch03 > 效果 > 音乐会门票背景"文件，单击"置入"按钮，置入文件。单击属性栏中的"嵌入"按钮，嵌入图片，效果如图 3-169 所示。

图 3-169

（2）选择"选择"工具 ▶，选取图片。选择"窗口 > 对齐"命令，弹出"对齐"面板，将"对齐"选项设为"对齐画板"，单击"垂直居中对齐"按钮 和"水平居中对齐"按钮，居中对齐画板，效果如图 3-170 所示。

图 3-170

（3）选择"文字"工具 T，在适当的位置分别输入需要的文字，选择"选择"工具 ▶，在属性栏中选择合适的字体和文字大小，填充文字为白色，效果如图 3-171 所示。

图 3-171

（4）选择"文字"工具 T ，在适当的位置分别输入需要的文字，选择"选择"工具 ，在属性栏中分别选择合适的字体和文字大小，填充文字为白色，效果如图 3-172 所示。选取需要的文字，选择"窗口 > 文字 > 字符"命令，在弹出的面板中进行设置，如图 3-173 所示，按 Enter 键确认操作，效果如图 3-174 所示。

（5）保持文字的选取状态，设置文字填充颜色为浅黄色（其 C、M、Y、K 的值分别为 0、0、45、0），填充文字，效果如图 3-175 所示。选择"文字"工具 T ，分别选取需要的文字，设置文字填充颜色为橙黄色（其 C、M、Y、K 的值分别为 0、42、100、0），填充文字，效果如图 3-176 所示。

图 3-172

图 3-173

图 3-174

图 3-175

图 3-176

（6）选择"文字"工具 T ，在适当的位置分别输入需要的文字，选择"选择"工具 ，在属性栏中分别选择合适的字体和文字大小，填充文字为白色，效果如图 3-177 所示。选择"钢笔"工具 ，在适当的位置绘制图形，设置图形填充颜色为锡器灰（其 C、M、Y、K 的值分别为 60、60、46、0），填充图形，并设置描边色为无，如图 3-178 所示。

（7）选择"文字"工具 T ，在适当的位置分别输入需要的文字，选择"选择"工具 ，在属性栏中分别选择合适的字体和文字大小，效果如图 3-179 所示。选取需要的文字，在"字符"面板中进行设置，如图 3-180 所示，按 Enter 键确认操作，效果如图 3-181 所示。

图 3-177   图 3-178

图 3-179   图 3-180   图 3-181

（8）按住 Shift 键的同时，将需要的文字同时选取，在"字符"面板中进行设置，如图 3-182 所示，按 Enter 键确认操作，效果如图 3-183 所示。

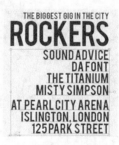

图 3-182   图 3-183

（9）选取需要的文字，在"字符"面板中进行设置，如图 3-184 所示，按 Enter 键确认操作，效果如图 3-185 所示。

图 3-184   图 3-185

（10）选取需要的文字，设置文字填充颜色为珍珠色（其 C、M、Y、K 的值分别为 25、27、25、0），填充文字，效果如图 3-186 所示。选取需要的文字，设置文字填充颜色为橙黄色（其 C、M、

Y、K 的值分别为 0、50、100、0），填充文字，效果如图 3-187 所示。

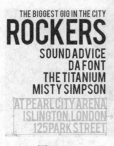
图 3-186

图 3-187

图 3-188

图 3-189

（11）选择"钢笔"工具 ，在适当的位置绘制图形，设置图形填充颜色为象牙色（其 C、M、Y、K 的值分别为 12、15、17、0），填充图形，并设置描边色为无，如图 3-188 所示。选择"选择"工具 ，按住 Alt 键的同时，将图形拖曳到适当的位置复制图形，效果如图 3-189 所示。

（12）选择"文字"工具 T ，在适当的位置输入需要的文字，选择"选择"工具 ，在属性栏中选择合适的字体和文字大小，设置文字填充颜色为珍珠色（其 C、M、Y、K 的值分别为 25、27、25、0），填充文字，效果如图 3-190 所示。在"字符"面板中进行设置，如图 3-191 所示，按 Enter 键确认操作，效果如图 3-192 所示。拖曳鼠标将文字旋转到适当的角度，并拖曳到适当的位置，效果如图 3-193 所示。

图 3-190

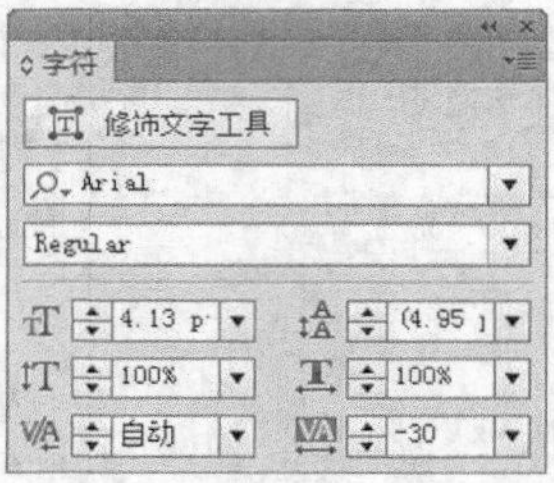

图 3-191

图 3-192

（13）选择"直线段"工具 ，按住 Shift 键的同时，在适当的位置绘制出直线。选择"窗口 > 描边"命令，在弹出的面板中进行设置，如图 3-194 所示，按 Enter 键确认操作，效果如图 3-195 所示。

图 3-193

图 3-194

图 3-195

3.2.4　制作副券

（1）选择"直线段"工具 ，按住 Shift 键的同时，在适当的位置绘制出直线。在属性栏中将

"描边粗细"选项设为 0.5pt，按 Enter 键确认操作。设置直线描边颜色为贝壳色（其 C、M、Y、K 的值分别为 10、11、11、0），填充描边，效果如图 3-196 所示。

（2）选择"选择"工具 ，按住 Alt 键的同时，将直线拖曳到适当的位置复制直线，效果如图 3-197 所示。连续按 Ctrl+D 组合键，复制多条直线，效果如图 3-198 所示。

图 3-196   图 3-197   图 3-198

（3）用圈选的方法将需要的直线同时选取，按 Ctrl+G 组合键，群组图形，如图 3-199 所示。拖曳鼠标将其旋转到适当的角度，效果如图 3-200 所示。

图 3-199   图 3-200

（4）选择"矩形"工具 ，在适当的位置绘制出矩形，如图 3-201 所示。选择"选择"工具 ，按住 Shift 键的同时，将矩形和群组图形同时选取，按 Ctrl+7 组合键，创建剪切蒙版，效果如图 3-202 所示。

图 3-201   图 3-202

（5）选择"直线段"工具 ，按住 Shift 键的同时，在适当的位置绘制出直线。在属性栏中将"描边粗细"选项设为 0.6pt，按 Enter 键确认操作。设置直线描边颜色为暗灰色（其 C、M、Y、K

的值分别为 74、74、74、57），填充描边，效果如图 3-203 所示。

（6）用相同的方法绘制出其他直线，效果如图 3-204 所示。选择"矩形"工具▢，在适当的位置分别绘制矩形。设置图形填充颜色为暗灰色（其 C、M、Y、K 的值分别为 74、74、74、57），填充图形，并设置描边色为无，效果如图 3-205 所示。

图 3-203　　　　　　　图 3-204　　　　　　　图 3-205

（7）选择"选择"工具▸，按住 Shift 键的同时，将需要的图形和直线同时选取，按 Ctrl+G 组合键，群组图形，如图 3-206 所示。选择"选择"工具▸，按住 Alt 键的同时，拖曳图形到适当的位置复制图形，效果如图 3-207 所示。选择"镜像"工具▨，向右拖曳鼠标镜像图形，效果如图 3-208 所示。

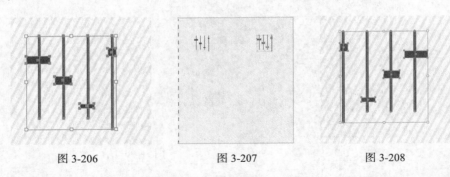

图 3-206　　　　　　　图 3-207　　　　　　　图 3-208

（8）选择"文字"工具Ｔ，在适当的位置分别输入需要的文字，选择"选择"工具▸，在属性栏中分别选择合适的字体和文字大小，效果如图 3-209 所示。按住 Shift 键的同时，将需要的文字同时选取，设置文字填充颜色为贝壳色（其 C、M、Y、K 的值分别为 12、12、13、0），填充文字，效果如图 3-210 所示。连续按 Ctrl+[组合键，后移文字，效果如图 3-211 所示。

图 3-209　　　　　　　图 3-210　　　　　　　图 3-211

（9）选择"直线段"工具╱，按住 Shift 键的同时，在适当的位置绘制出直线。在"描边"面板中进行设置，如图 3-212 所示，按 Enter 键确认操作，效果如图 3-213 所示。用相同的方法绘制出其他虚线，如图 3-214 所示。至此，音乐会门票设计制作完成，效果如图 3-215 所示。

图 3-212

图 3-213

图 3-214

图 3-215

3.3 课后习题——请柬设计

【习题知识要点】在 Photoshop 中，使用马赛克拼贴滤镜命令制作底图纹理；使用色相/饱和度命令为底图添加颜色；使用自定形状工具、定义图案命令和图案填充命令制作背景图效果；使用投影命令为渐变背景添加投影。在 Illustrator 中，使用矩形工具、旋转工具、路径查找器面板和不透明度命令制作装饰图形；使用剪切蒙版命令制作人物图形的剪切蒙版效果；使用星形工具、椭圆工具、透明度控制面板、文字工具和混合工具制作标志和花瓣图形；使用文字工具和自由扭曲命令改变文字的形状。请柬设计效果如图 3-216 所示。

【效果所在位置】光盘/Ch03/效果/请柬设计。

图 3-216

第4章

UI 设计

　　UI 设计（User Interface），即用户界面设计，主要包括人机交互、操作逻辑和界面美观的整体设计。随着信息技术的高速发展，用户对信息的需求量不断增加，图形界面的设计也越来越多样化。本章以 APP 旅游设计为例，讲解 APP 旅游的设计方法和制作技巧。

课堂学习目标

- 在 Illustrator 软件中制作 APP 旅游界面
  和 APP 旅游登录界面
- 在 Photoshop 软件中制作 APP 旅游网页广告

4.1　APP 旅游设计

【案例学习目标】在 Illustrator 中，使用绘图工具和路径查找器面板制作 APP 图标；使用文字工具添加相关文字。在 Photoshop 中，使用多种调整命令调整图片颜色；使用椭圆选框工具、描边命令和外发光命令制作圆环。

【案例知识要点】在 Illustrator 中，使用置入命令添加素材图片；使用绘图工具、路径查找器面板和文字工具制作 APP 图标。在 Photoshop 中，使用高斯模糊滤镜命令为图片添加模糊效果；使用多种调整命令调整图片颜色；使用添加图层蒙版按钮、渐变工具和画笔工具制作图片渐隐效果；使用变换命令和图层控制面板编辑素材图片；使用横排文字工具添加相关信息；使用添加图层样式按钮为文字添加特殊效果。APP 旅游设计效果如图 4-1 所示。

【效果所在位置】光盘/Ch04/效果/APP 旅游设计/APP 旅游界面.ai、APP 旅游登录界面.ai、APP 旅游网页广告.psd。

图 4-1

Illustrator 应用

4.1.1　制作 APP 旅游界面

（1）打开 Illustrator 软件，按 Ctrl+N 组合键，新建一个文档，设置文档的宽度为 210mm，高度为 297mm，取向为竖向，颜色模式为 CMYK，单击"确定"按钮。

（2）选择"矩形"工具 ▢，在适当的位置拖曳鼠标绘制出一个矩形，设置图形填充颜色为蓝色（其 C、M、Y、K 的值分别为 54、1、18、0），填充图形，并设置描边色为无，效果如图 4-2 所示。

（3）选择"文件 > 置入"命令，弹出"置入"对话框，选择光盘中的"Ch04 > 素材 > APP

旅游设计 > 01"文件，单击"置入"按钮，将图片置入页面中，单击属性栏中的"嵌入"按钮，嵌入图片。选择"选择"工具 ，拖曳图片到适当的位置并调整其大小，效果如图 4-3 所示。

图 4-2　　　　　　　　　　图 4-3

（4）选择"矩形"工具 ，在适当的位置拖曳鼠标绘制出一个矩形，设置图形填充颜色为浅灰色（其 C、M、Y、K 的值分别为 0、0、0、10），填充图形，并设置描边色为无，效果如图 4-4 所示。

（5）选择"文件 > 置入"命令，弹出"置入"对话框，选择光盘中的"Ch04 > 素材 > APP 旅游设计 > 02"文件，单击"置入"按钮，将图片置入页面中，单击属性栏中的"嵌入"按钮，嵌入图片。选择"选择"工具 ，拖曳图片到适当的位置并调整其大小，效果如图 4-5 所示。

图 4-4　　　　　　　　　　图 4-5

（6）选择"矩形"工具 ，在适当的位置拖曳鼠标绘制出一个矩形，设置图形填充颜色为蓝黑色（其 C、M、Y、K 的值分别为 78、68、57、17），填充图形，并设置描边色为无，效果如图 4-6 所示。在属性栏中将"不透明度"选项设为 70%，效果如图 4-7 所示。

图 4-6　　　　　　　　　　图 4-7

（7）选择"文字"工具 T，在适当的位置分别输入需要的文字，选择"选择"工具 ，在属性栏中分别选择合适的字体并设置文字大小。将输入的文字同时选取，填充文字为白色，效果如图 4-8 所示。

（8）选择"椭圆"工具 ，按住 Shift 键的同时，在适当的位置绘制出一个圆形，填充图形为白色，并设置描边色为无，效果如图 4-9 所示。

图 4-8 　　　　　　　　　　　　　　　　图 4-9

（9）选择"选择"工具 ，按住 Alt+Shift 组合键的同时，水平向右拖曳圆形到适当的位置复制图形，效果如图 4-10 所示。按 Ctrl+D 组合键，再复制出一个圆形，填充图形为黑色，效果如图 4-11 所示。

图 4-10 　　　　　　　　　　　　　　　图 4-11

（10）选择"椭圆"工具 ，按住 Shift 键的同时，在适当的位置绘制出一个圆形，如图 4-12 所示。设置图形填充颜色为天蓝色（其 C、M、Y、K 的值分别为 58、8、13、0），填充图形，并设置描边色为无，效果如图 4-13 所示。

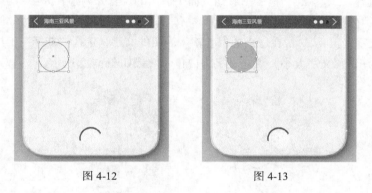

图 4-12 　　　　　　　　　　　　　　　图 4-13

（11）选择"圆角矩形"工具 ，在页面外单击鼠标左键，弹出"圆角矩形"对话框，选项的设置如图 4-14 所示，单击"确定"按钮，得到一个圆角矩形，效果如图 4-15 所示。

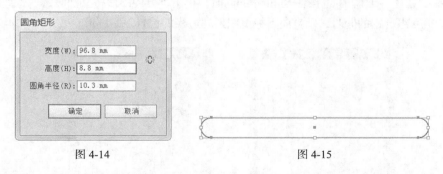

图 4-14 　　　　　　　　　　　　　　　图 4-15

（12）选择"钢笔"工具 ，在适当的位置绘制出一个不规则的闭合图形，如图 4-16 所示。选择"矩形"工具 ，在适当的位置拖曳鼠标绘制出一个矩形，如图 4-17 所示。

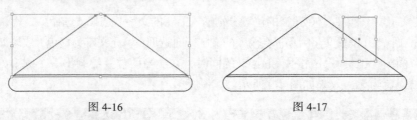

图 4-16　　　　　　　　　　　　　　图 4-17

（13）选择"矩形"工具 ，在适当的位置分别绘制矩形，如图 4-18 所示。选择"选择"工具 ，使用圈选的方法将所有绘制的图形同时选取。选择"窗口 > 路径查找器"命令，弹出"路径查找器"面板，单击"联集"按钮 ，如图 4-19 所示，生成新的对象，效果如图 4-20 所示。

图 4-18　　　　　　　　　图 4-19　　　　　　　　　图 4-20

（14）选择"选择"工具 ，拖曳图形到页面中适当的位置并调整其大小，填充图形为白色，并设置描边色为无，效果如图 4-21 所示。

（15）选择"文字"工具 ，在适当的位置输入需要的文字，选择"选择"工具 ，在属性栏中选择合适的字体并设置文字大小，填充文字为白色，效果如图 4-22 所示。

图 4-21　　　　　　　　图 4-22

（16）选择"选择"工具 ，按住 Shift 键的同时，单击下方的图形将其同时选取，如图 4-23 所示。按住 Alt+Shift 组合键的同时，垂直向下拖曳图形到适当的位置复制图形，效果如图 4-24 所示。

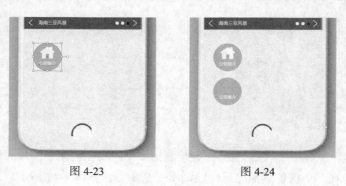

图 4-23　　　　　　　　图 4-24

（17）选择"选择"工具 ，选取下方的圆形，设置图形填充颜色为蓝黑色（其 C、M、Y、K 的值分别为 78、68、57、17），填充图形，效果如图 4-25 所示。选择"文字"工具 T ，选取文字"公司简介"，输入需要的文字，效果如图 4-26 所示。

图 4-25　　　　　　　　　　图 4-26

（18）选择"椭圆"工具 ，按住 Shift 键的同时，在适当的位置绘制出一个圆形，如图 4-27 所示。按 Ctrl+C 组合键，复制图形，按 Ctrl+F 组合键，将复制的图形粘贴在前面。选择"选择"工具 ，按住 Alt+Shift 组合键的同时，拖曳右上角的控制手柄，等比例缩小图形，如图 4-28 所示。

（19）选择"直接选择"工具 ，向下拖曳需要的锚点到适当的位置，效果如图 4-29 所示。分别拖曳左右控制线到适当的位置，调整圆形弧度，效果如图 4-30 所示。

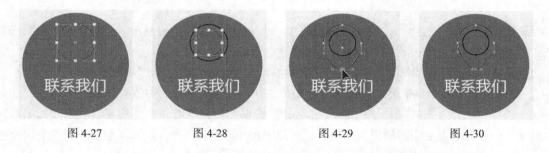

图 4-27　　　　　　图 4-28　　　　　　图 4-29　　　　　　图 4-30

（20）选择"选择"工具 ，按住 Shift 键的同时，单击小圆将其同时选取，如图 4-31 所示。按 Ctrl+8 组合键，建立复合路径，填充图形为白色，并设置描边色为无，效果如图 4-32 所示。使用相同的方法制作其他 APP 图标，效果如图 4-33 所示。

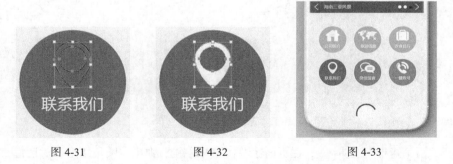

图 4-31　　　　　　　　图 4-32　　　　　　　　图 4-33

（21）至此，APP 旅游界面制作完成。按 Ctrl+S 组合键，弹出"存储为"对话框，将其命名为"APP 旅游界面"，保存为 AI 格式，单击"保存"按钮，将文件保存。

4.1.2　制作 APP 旅游登录界面

（1）按 Ctrl+O 组合键，打开光盘中的"Ch04 > 效果 > APP 旅游设计 > APP 旅游界面"文件。选择"选择"工具 ，选取不需要的图形和文字，如图 4-34 所示，按 Delete 键将其删除，如图 4-35 所示。选取下方的矩形，向下拖曳上边中间的控制手柄到适当的位置并调整其大小。设置图形填充颜色为淡蓝色（其 C、M、Y、K 的值分别为 35、0、0、0），填充图形，效果如图 4-36 所示。

图 4-34　　　　　　　　图 4-35　　　　　　　　图 4-36

（2）选择"椭圆"工具，按住 Shift 键的同时，在适当的位置绘制出一个圆形，填充图形为白色，并设置描边色为无，效果如图 4-37 所示。

（3）选择"矩形"工具，在适当的位置绘制出一个矩形，设置图形填充颜色为红色（其 C、M、Y、K 的值分别为 0、90、85、0），填充图形，并设置描边色为无，效果如图 4-38 所示。

（4）选择"选择"工具，按 Ctrl+C 组合键，复制图形，按 Ctrl+F 组合键，将复制的图形粘贴在前面。向下拖曳上边中间的控制手柄到适当的位置并调整其大小，设置图形填充颜色为深蓝色（其 C、M、Y、K 的值分别为 82、73、62、30），填充图形，效果如图 4-39 所示。

图 4-37　　　　　　　　图 4-38　　　　　　　　图 4-39

（5）选择"圆角矩形"工具，在页面中单击鼠标左键，弹出"圆角矩形"对话框，选项的设置如图 4-40 所示，单击"确定"按钮，得到一个圆角矩形。选择"选择"工具，拖曳圆角矩形到适当的位置，效果如图 4-41 所示。

（6）保持图形选取状态。选择"对象 > 变换 > 缩放"命令，在弹出的"比例缩放"对话框中进行设置，如图 4-42 所示，单击"复制"按钮，效果如图 4-43 所示。

图 4-40　　　　　　图 4-41　　　　　　图 4-42　　　　　　图 4-43

（7）选择"选择"工具 ，按住 Shift 键的同时，单击原图形将其同时选取，如图 4-44 所示。选择"路径查找器"面板，单击"减去顶层"按钮 ，如图 4-45 所示，生成新的对象，效果如图 4-46 所示。

图 4-44　　　　　　　　图 4-45　　　　　　　　图 4-46

（8）保持图形选取状态。设置图形填充颜色为浅灰色（其 C、M、Y、K 的值分别为 0、0、0、10），填充图形，并设置描边色为无，效果如图 4-47 所示。连续按 Ctrl+ [组合键，向后移动图形到适当的位置，效果如图 4-48 所示。

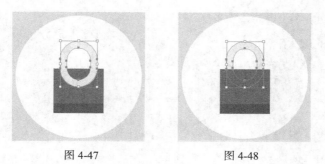

图 4-47　　　　　　　　图 4-48

（9）选择"矩形"工具 ，在适当的位置拖曳鼠标绘制出一个矩形，填充图形为白色，并设置描边色为无，效果如图 4-49 所示。

（10）选择"选择"工具 ，按 Ctrl+C 组合键，复制图形，按 Ctrl+F 组合键，将复制的图形粘贴在前面。向右拖曳左边中间的控制手柄到适当的位置并调整其大小，设置图形填充颜色为蓝色（其 C、M、Y、K 的值分别为 54、1、18、0），填充图形，并设置描边色为无，效果如图 4-50 所示。

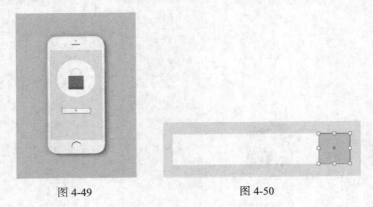

图 4-49   图 4-50

（11）选择"椭圆"工具 ⬭，在适当的位置分别绘制椭圆形，选择"选择"工具 ▶，将所绘制的圆形同时选取，填充图形为白色，并设置描边色为无，效果如图 4-51 所示。

（12）选择"直接选择"工具 ▷，选取不需要的锚点，如图 4-52 所示。按 Delete 键将其删除，如图 4-53 所示。

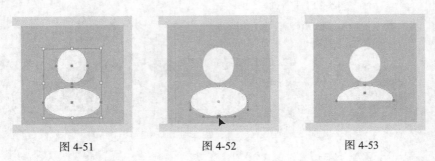

图 4-51   图 4-52   图 4-53

（13）选择"选择"工具 ▶，选取上方的圆形，按住 Alt+Shift 组合键的同时，垂直向下拖曳图形到适当的位置复制图形，效果如图 4-54 所示。按住 Shift 键的同时，单击下方的图形将其同时选取，如图 4-55 所示。选择"路径查找器"面板，单击"减去顶层"按钮 ▣，生成新的对象，效果如图 4-56 所示。

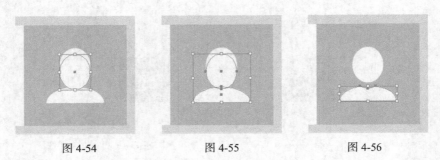

图 4-54   图 4-55   图 4-56

（14）选择"文字"工具 T，在适当的位置输入需要的文字，选择"选择"工具 ▶，在属性栏中选择合适的字体并设置文字大小，效果如图 4-57 所示。

（15）选择"选择"工具 ▶，按住 Shift 键的同时，选取需要的图形，按住 Alt+Shift 组合键的同时，垂直向下拖曳图形到适当的位置复制图形，效果如图 4-58 所示。

图 5-57 图 5-58

（16）选择"椭圆"工具 ，按住 Shift 键的同时，在适当的位置绘制出一个圆形，设置图形填充颜色为深黑色（其 C、M、Y、K 的值分别为 0、0、0、85），填充图形，并设置描边色为无，效果如图 4-59 所示。

（17）选择"选择"工具，按住 Alt+Shift 组合键的同时，水平向右拖曳圆形到适当的位置复制图形，效果如图 4-60 所示。连续按 Ctrl+D 组合键，按需要再复制出多个圆形，效果如图 4-61 所示。

图 4-59 图 4-60 图 4-61

（18）选择"选择"工具，按住 Shift 键的同时，选取需要的图形，如图 4-62 所示。按住 Alt 键的同时，向下拖曳图形到适当的位置复制图形，并调整其大小，效果如图 4-63 所示。

图 4-62 图 4-63

（19）选择"路径查找器"面板，单击"联集"按钮，如图 4-64 所示，生成新的对象，效果如图 4-65 所示。

图 4-64 图 4-65

（20）选择"矩形"工具，在适当的位置拖曳鼠标绘制出一个矩形，设置图形填充颜色为红色（其 C、M、Y、K 的值分别为 0、90、85、0），填充图形，并设置描边色为无，效果如图 4-66 所示。

（21）选择"文字"工具 T，在适当的位置输入需要的文字，选择"选择"工具 ，在属性栏中选择合适的字体并设置文字大小，效果如图 4-67 所示。

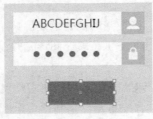
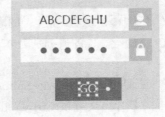

图 4-66   图 4-67

（22）至此，APP 旅游登录界面制作完成。按 Ctrl+Shift+S 组合键，弹出"存储为"对话框，将其命名为"APP 旅游登录界面"，保存为 AI 格式，单击"保存"按钮，将文件保存。

Photoshop 应用

4.1.3　制作 APP 旅游网页广告

（1）打开 Photoshop 软件，按 Ctrl + N 组合键，新建一个文件，宽度为 67.7cm，高度为 17.6cm，分辨率为 300 像素/英寸，颜色模式为 RGB，背景内容为白色，单击"确定"按钮。将前景色设为粉色（其 R、G、B 的值分别为 232、182、198），按 Alt+Delete 组合键，用前景色填充"背景"图层，效果如图 4-68 所示。

（2）按 Ctrl + O 组合键，打开光盘中的"Ch04 > 素材 > APP 旅游设计 > 01"文件，选择"移动"工具 ，将图片拖曳到图像窗口中适当的位置，并调整其大小，效果如图 4-69 所示，在"图层"控制面板中生成新图层并将其命名为"图片"。

图 4-68

图 4-69

（3）选择"滤镜 > 模糊 > 高斯模糊"命令，在弹出的对话框中进行设置，如图 4-70 所示，单击"确定"按钮，效果如图 4-71 所示。

（4）选择"图像 > 调整 > 亮度/对比度"命令，在弹出的对话框中进行设置，如图 4-72 所示，单击"确定"按钮，效果如图 4-73 所示。

图 4-70

图 4-71

图 4-72

图 4-73

（5）单击"图层"控制面板下方的"添加图层蒙版"按钮，为"图片"图层添加图层蒙版，如图 4-74 所示。选择"渐变"工具，单击属性栏中的"点按可编辑渐变"按钮，弹出"渐变编辑器"对话框，将渐变色设为黑色到白色，在图像窗口中从右向左拖曳渐变色，松开鼠标左键，效果如图 4-75 所示。

图 4-74

图 4-75

（6）将"图片"图层拖曳到"图层"控制面板下方的"创建新图层"按钮上进行复制，生成新的图层"图片 拷贝"，如图 4-76 所示。按 Ctrl+T 组合键，在图像周围出现变换框，单击鼠标右键，在弹出的菜单中选择"水平翻转"命令，水平翻转图像，然后将其拖曳到适当的位置并调整其大小，按 Enter 键确定操作，效果如图 4-77 所示。

（7）单击"图层"控制面板下方的"创建新的填充或调整图层"按钮，在弹出的菜单中选择"色彩平衡"命令，在"图层"控制面板中生成"色彩平衡 1"图层，同时在弹出的"色彩平衡"

面板中进行设置，如图 4-78 所示，按 Enter 键，效果如图 4-79 所示。

图 4-76

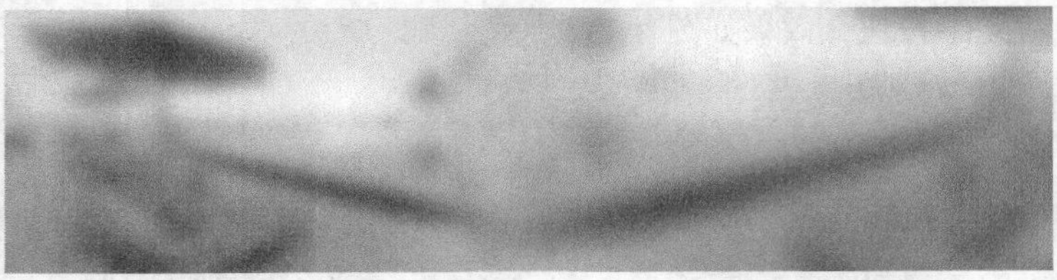

图 4-77

图 4-78

图 4-79

（8）单击"图层"控制面板下方的"创建新的填充或调整图层"按钮 ，在弹出的菜单中选择"曲线"命令，在"图层"控制面板中生成"曲线 1"图层，同时弹出"曲线"面板。在曲线上单击鼠标添加控制点，将"输入"选项设为 208，"输出"选项设为 102，如图 4-80 所示，按 Enter 键，效果如图 4-81 所示。

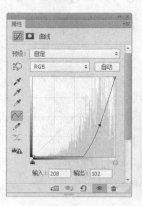

图 4-80

图 4-81

（9）将前景色设为黑色。选择"画笔"工具 ，在属性栏中单击"画笔"选项右侧的 按钮，在弹出的面板中选择需要的画笔形状，如图 4-82 所示，在属性栏中将"不透明度"选项设为 60%，在图像窗口中拖曳鼠标擦除不需要的图像，效果如图 4-83 所示。

（10）单击"图层"控制面板下方的"创建新的填充或调整图层"按钮 ，在弹出的菜单中选择"色阶"命令，在"图层"控制面板中生成"色阶 1"图层，同时在弹出的"色阶"面板中进行设置，如图 4-84 所示，按 Enter 键，效果如图 4-85 所示。

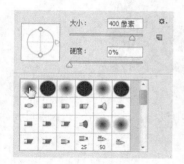

图 4-82

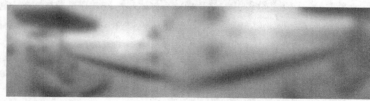

图 4-83

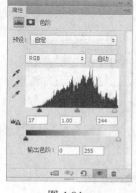

图 4-84

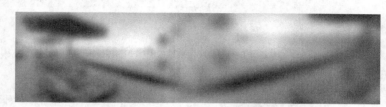

图 4-85

（11）新建图层并将其命名为"星星"。将前景色设为深空灰色（其 R、G、B 的值分别为 186、195、210）。选择"画笔"工具 ，在属性栏中单击"切换画笔面板"按钮 ，弹出"画笔"控制面板，选择"画笔笔尖形状"选项，切换到相应的面板中进行设置，如图 4-86 所示。选择"形状动态"选项，切换到相应的面板中进行设置，如图 4-87 所示。选择"散布"选项，切换到相应的面板中进行设置，如图 4-88 所示。在图像窗口中拖曳鼠标绘制星形，效果如图 4-89 所示。

图 4-86

图 4-87

图 4-88

77

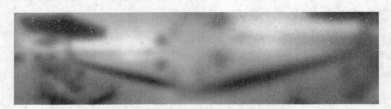

图 4-89

（12）在"图层"控制面板上方，将"星星"图层的混合模式选项设为"滤色"，"不透明度"选项设为 89%，如图 4-90 所示，图像效果如图 4-91 所示。

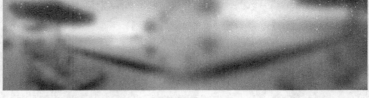

图 4-90   图 4-91

（13）选择"椭圆选框"工具 ，按住 Shift 键的同时，在图像窗口中拖曳鼠标绘制圆形选区，效果如图 4-92 所示。

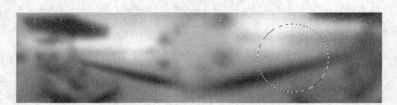

图 4-92

（14）将前景色设为白色。选择"编辑 > 描边"命令，弹出"描边"对话框，选项的设置如图 4-93 所示。单击"确定"按钮，按 Ctrl+D 组合键，取消选区，效果如图 4-94 所示。

图 4-93   图 4-94

（15）单击"图层"控制面板下方的"添加图层样式"按钮 ，在弹出的菜单中选择"外发光"命令，弹出对话框，将发光颜色设为紫色（其 R、G、B 的值分别为 83、115、255），其他选项的设置如图 4-95 所示，单击"确定"按钮，效果如图 4-96 所示。

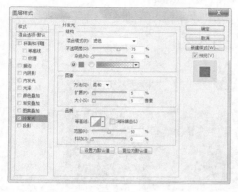

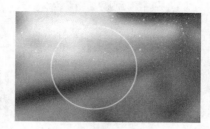

图 4-95　　　　　　　　　　　　　　　　　图 4-96

　　（16）选择"文件 > 置入"命令，弹出"置入"对话框，选择光盘中的"Ch04 > 效果 > APP 旅游设计 > APP 旅游界面"文件，单击"置入"按钮，弹出"置入 PDF"对话框，单击"确定"按钮，置入图片。拖曳图片到适当的位置并调整其大小，按 Enter 键确认操作，效果如图 4-97 所示，在"图层"控制面板中生成新的图层"APP 旅游界面"。

　　（17）将"APP 旅游界面"图层拖曳到"图层"控制面板下方的"创建新图层"按钮 回 上进行复制，生成新的图层"APP 旅游界面 拷贝"。按 Ctrl+T 组合键，在图像周围出现变换框，将指针放在变换框的控制手柄外边，指针变为旋转图标 ↻，拖曳鼠标将图像旋转到适当的角度，按 Enter 键确定操作，效果如图 4-98 所示。

图 4-97　　　　　　　　　　　　　　　　　图 4-98

　　（18）在"图层"控制面板上方，将"APP 旅游界面 拷贝"图层的"填充"选项设为 45%，如图 4-99 所示，图像效果如图 4-100 所示。

图 4-99　　　　　　　　　　　　　　　图 4-100

　　（19）将"APP 旅游界面 拷贝"图层拖曳到"图层"控制面板下方的"创建新图层"按钮 回 上进行复制，生成新的图层"APP 旅游界面 拷贝 2"，如图 4-101 所示。按 Ctrl+T 组合键，在图像周围出现变换框，单击鼠标右键，在弹出的菜单中选择"水平翻转"命令，水平翻转图像，并将其拖曳到适当的位置，按 Enter 键确定操作，效果如图 4-102 所示。

图 4-101

图 4-102

（20）在"图层"控制面板中，按住 Shift 键的同时，将"APP 旅游界面 拷贝"图层和"APP 旅游界面 拷贝 2"图层同时选取，拖曳选中的图层到"APP 旅游界面"图层下方，如图 4-103 所示，图像效果如图 4-104 所示。

图 4-103

图 4-104

（21）将前景色设为白色。选择"横排文字"工具 T，在适当的位置分别输入需要的文字并选取文字，在属性栏中分别选择合适的字体并设置大小，按 Alt+ →组合键，分别调整文字的间距，效果如图 4-105 所示，在"图层"控制面板中生成新的文字图层。

图 4-105

（22）选取"海南三亚"图层。单击"图层"控制面板下方的"添加图层样式"按钮 fx，在弹出的菜单中选择"投影"命令，在弹出的对话框中进行设置，如图 4-106 所示，单击"确定"按钮，效果如图 4-107 所示。

（23）选择"横排文字"工具 T，在适当的位置输入需要的文字并选取文字，在属性栏中选择合适的字体并设置大小，按 Alt+↑组合键，调整文字行距，效果如图 4-108 所示，在"图层"控制面板中生成新的文字图层。

（24）在"海南三亚"文字图层上单击鼠标右键，在弹出的菜单中选择"拷贝图层样式"命令。在"公司简介…一键拨号"图层上单击鼠标右键，在弹出的菜单中选择"粘贴图层样式"命令，效果如图 4-109 所示。

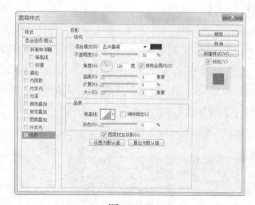

图 4-106

图 4-107

图 4-108

图 4-109

（25）将前景色设为粉红色（其 R、G、B 的值分别为 233、86、110），选择"圆角矩形"工具，在属性栏中的"选择工具模式"选项中选择"形状"，将"半径"选项设为 5px，在图像窗口中拖曳鼠标绘制出一个椭圆形，效果如图 4-110 所示，在"图层"控制面板中生成新的图层"圆角矩形"。

（26）选择"横排文字"工具，在适当的位置输入需要的文字并选取文字，在属性栏中选择合适的字体并设置大小，按 Alt+ →组合键，调整文字的间距，效果如图 4-111 所示，在"图层"控制面板中生成新的文字图层。

（27）在"免费开通"图层上单击鼠标右键，在弹出的菜单中选择"粘贴图层样式"命令，效果如图 4-112 所示。

图 4-110

图 4-111

图 4-112

（28）按 Ctrl+S 组合键，弹出"存储为"对话框，将其命名为"APP 旅游网页广告"，保存图像为 PSD 格式，单击"保存"按钮，弹出"Photoshop 格式选项"对话框，单击"确定"按钮，将图像保存。

4.2 课后习题——UI 界面设计

【习题知识要点】在 Photoshop 中，使用图层的不透明度面板制作开机界面底图；使用文本工具和椭圆工具添加开机界面文字；使用矩形工具、钢笔工具和文本工具绘制时间信息；使用矩形工具、椭圆工具和文本工具制作信息界面的上部信息；使用矩形工具、移动工具和剪贴蒙版命令添加界面图片；使用矩形工具和文本工具制作电话界面。UI 界面设计效果如图 4-113 所示。

【效果所在位置】光盘/Ch04/效果/UI 界面设计/UI 界面设计.psd。

图 4-113

第5章
书籍装帧设计

　　精美的书籍装帧设计可以带给读者更多的阅读乐趣。一本好书是好的内容和好的书籍装帧的完美结合。本章主要讲解的是书籍的封面设计。封面设计包括书名、色彩、装饰元素，以及作者和出版社名称等内容。本章以儿童成长书籍封面和爱情解说书籍封面为例，讲解封面的设计方法和制作技巧。

课堂学习目标

- 在 Illustrator 软件中添加书籍的相关内容和出版信息
- 在 Photoshop 软件中制作书籍封面立体效果

5.1　儿童成长书籍封面设计

【案例学习目标】在 Illustrator 中，使用参考线分割页面；使用色板控制面板定义图案；使用文字工具添加相关内容和出版信息。在 Photoshop 中，使用变换命令制作立体效果。

【案例知识要点】在 Illustrator 中，使用矩形工具、椭圆工具、不透明度选项和色板控制面板制作背景效果；使用绘图工具、填充命令和文字工具添加标题及相关信息；使用矩形工具和创建剪切蒙版命令制作图片剪切蒙版。在 Photoshop 中，使用渐变工具制作背景效果；使用变换命令制作立体图效果。儿童成长书籍封面和立体效果如图 5-1 所示。

【效果所在位置】光盘/Ch05/效果/儿童成长书籍封面设计/儿童成长书籍封面.ai、儿童成长书籍封面立体效果.psd。

图 5-1

Illustrator 应用

5.1.1　制作背景效果

（1）打开 Illustrator 软件，按 Ctrl+N 组合键，新建一个文档，设置文档的宽度为 358mm，高度为 239mm，取向为横向，颜色模式为 CMYK，单击"确定"按钮。

（2）按 Ctrl+R 组合键，显示标尺。选择"选择"工具 ，在页面中拖曳出一条垂直参考线，选择"窗口 > 变换"命令，弹出"变换"面板，将"X"轴选项设为 168mm，如图 5-2 所示，按 Enter 键确认操作，效果如图 5-3 所示。保持参考线的选取状态，在"变换"面板中将"X"轴选项设为 190mm，按 Alt+Enter 组合键，确认操作，效果如图 5-4 所示。

（3）选择"矩形"工具 ，在页面中单击鼠标左键，弹出"矩形"对话框，选项的设置如图 5-5 所示，单击"确定"按钮，得到一个正方形。设置图形填充颜色为蓝色（其 C、M、Y、K 的值分别为 29、10、4、0），填充图形，并设置描边色为无，效果如图 5-6 所示。

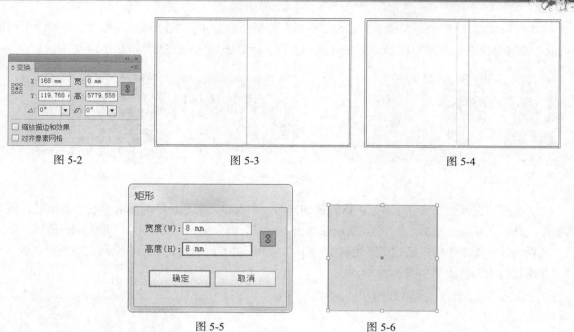

图 5-2 图 5-3 图 5-4

图 5-5 图 5-6

（4）选择"椭圆"工具 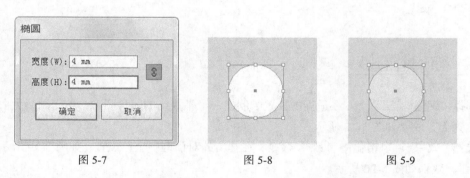，在适当的位置单击鼠标左键，弹出"椭圆"对话框，选项的设置如图 5-7 所示，单击"确定"按钮，得到一个圆形。选择"选择"工具 ，拖曳圆形到适当的位置，填充图形为白色，并设置描边色为无，效果如图 5-8 所示。在属性栏中将"不透明度"选项设为 30%，效果如图 5-9 所示。

图 5-7 图 5-8 图 5-9

（5）选择"选择"工具 ，按住 Shift 键的同时，依次单击下方的矩形将其同时选取，如图 5-10 所示。单击属性栏中的"水平居中对齐"按钮 和"垂直居中对齐"按钮 ，对齐效果如图 5-11 所示。

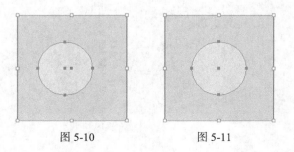

图 5-10 图 5-11

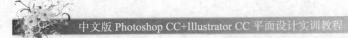
（6）选择"窗口 > 色板"命令，弹出"色板"控制面板，如图 5-12 所示，拖曳选中的图形到"色板"控制面板中，如图 5-13 所示。松开鼠标左键，新建图案色板，效果如图 5-14 所示。

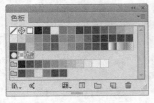
图 5-12

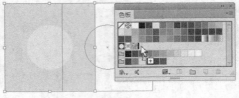
图 5-13

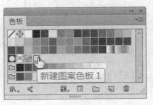
图 5-14

（7）选择"选择"工具，按住 Shift 键的同时，依次单击选取矩形与圆形，按 Delete 键，将其删除。选择"矩形"工具，在页面中绘制出一个与页面大小相等的矩形，如图 5-15 所示。单击"色板"控制面板中的"新建图案色板 1"图标，如图 5-16 所示。为矩形填充新建的图案色板，并设置描边色为无，效果如图 5-17 所示。

图 5-15

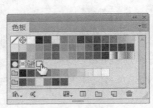
图 5-16

图 5-17

5.1.2　制作封面效果

（1）选择"钢笔"工具，在适当的位置绘制出一个不规则的闭合图形，填充图形为白色，并设置描边色为无，效果如图 5-18 所示。

（2）选择"效果 > 风格化 > 投影"命令，在弹出的对话框中进行设置，如图 5-19 所示，单击"确定"按钮，效果如图 5-20 所示。

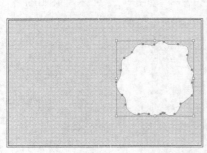

图 5-18

图 5-19

图 5-20

（3）选择"椭圆"工具 ◉，按住 Shift 键的同时，在适当的位置绘制出一个圆形，设置图形填充颜色为黄色（其 C、M、Y、K 的值分别为 0、0、100、0），填充图形，并设置描边色为无，效果如图 5-21 所示。

（4）选择"选择"工具 ，按 Ctrl+C 组合键，复制图形，按 Ctrl+F 组合键，将复制的图形粘贴在前面。按住 Alt+Shift 组合键的同时，拖曳右上角的控制手柄，等比例缩小图形。调整其位置和大小，设置图形填充颜色为浅黄色（其 C、M、Y、K 的值分别为 0、10、100、0），填充图形，效果如图 5-22 所示。

 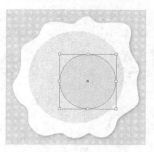

图 5-21 图 5-22

（5）选择"文字"工具 T，在适当的位置分别输入需要的文字，选择"选择"工具 ，在属性栏中选择合适的字体并设置文字大小，效果如图 5-23 所示。

（6）选取文字"宝"，设置文字为洋红色（其 C、M、Y、K 的值分别为 0、100、0、0），填充文字，并填充文字描边为白色，效果如图 5-24 所示。

图 5-23 图 5-24

（7）双击"旋转"工具 ，弹出"旋转"对话框，选项的设置如图 5-25 所示，单击"确定"按钮，文字被旋转，效果如图 5-26 所示。使用相同的方法制作其他文字，效果如图 5-27 所示。

图 5-25 图 5-26 图 5-27

（8）选择"文字"工具 T ，在适当的位置分别输入需要的文字，选择"选择"工具 ，在属性栏中分别选择合适的字体并设置文字大小，效果如图 5-28 所示。选取文字"美食"，按 Alt+ ← 组合键，调整文字间距，效果如图 5-29 所示。

（9）保持文字选取状态。设置文字为浅棕色（其 C、M、Y、K 的值分别为 50、70、80、70），填充文字，并填充文字描边为白色，在属性栏中将"描边粗细"选项设置为 2 pt，按 Enter 键，效果如图 5-30 所示。

图 5-28   图 5-29   图 5-30

（10）选择"椭圆"工具 ，按住 Shift 键的同时，在适当的位置绘制出一个圆形，填充图形为白色，并设置描边色为无，效果如图 5-31 所示。连续按 Ctrl+ [组合键，向后移动图形到适当的位置，效果如图 5-32 所示。

（11）选择"选择"工具 ，按住 Alt 键的同时，向右拖曳图形到适当的位置复制图形。按住 Alt+Shift 组合键的同时，拖曳右上角的控制手柄，等比例缩小图形，如图 5-33 所示。

图 5-31   图 5-32   图 5-33

（12）选择"钢笔"工具 ，在页面中分别绘制不规则图形，如图 5-34 所示。选择"选择"工具 ，按住 Shift 键的同时，将所绘制的图形同时选取，设置图形填充颜色为浅棕色（其 C、M、Y、K 的值分别为 50、70、80、70），填充图形，效果如图 5-35 所示。

图 5-34   图 5-35

（13）选择"文字"工具 T ，在适当的位置输入需要的文字，选择"选择"工具 ，在属性栏中选择合适的字体并设置文字大小，效果如图 5-36 所示。选择"直线段"工具 ╱，在适当的位置拖曳鼠标分别绘制两条斜线，效果如图 5-37 所示。

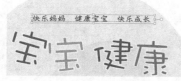

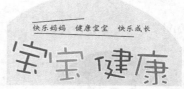

图 5-36　　　　　　　　　　　　　　　　　图 5-37

（14）选择"文字"工具 Ⓣ，在适当的位置输入需要的文字，选择"选择"工具 ▶，在属性栏中选择合适的字体并设置文字大小，按 Alt+↑组合键，调整文字行距，效果如图 5-38 所示。选择"文字"工具 Ⓣ，选取文字"0-6"，在属性栏中选择合适的字体并设置文字大小，效果如图 5-39 所示。

图 5-38　　　　　　　　　　　　　　　　　图 5-39

（15）选取文字"定制的食谱"，在属性栏中设置适当的文字大小，效果如图 5-40 所示。选择"效果 > 变形 > 弧形"命令，在弹出的"变形选项"对话框中进行设置，如图 5-41 所示，单击"确定"按钮，文字的变形效果如图 5-42 所示。

图 5-40　　　　　　　　　　　　　图 5-41　　　　　　　　　　　　　图 5-42

（16）选择"选择"工具 ▶，按 Shift+Ctrl+O 组合键，将文字转化为轮廓路径，效果如图 5-43 所示。选择"对象 > 扩展外观"命令，扩展文字外观，效果如图 5-44 所示。

图 5-43　　　　　　　　　　　　　　　　　图 5-44

（17）保持文字选取状态。填充文字为白色，效果如图 5-45 所示。选择"对象 > 路径 > 偏移路径"命令，在弹出的"偏移路径"对话框中进行设置，如图 5-46 所示，单击"确定"按钮，效果如图 5-47 所示。设置文字图形为红色（其 C、M、Y、K 的值分别为 15、100、90、10），填充文字轮廓，效果如图 5-48 所示。

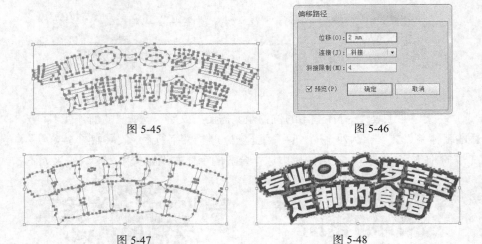

图 5-45 图 5-46

图 5-47 图 5-48

（18）选择"选择"工具，拖曳轮廓文字到页面中适当的位置，并将其旋转到适当的角度，效果如图 5-49 所示。选择"椭圆"工具，按住 Shift 键的同时，在适当的位置绘制出一个圆形，填充图形为白色，并设置描边色为无，效果如图 5-50 所示。

图 5-49 图 5-50

（19）选择"效果 > 风格化 > 投影"命令，在弹出的对话框中进行设置，如图 5-51 所示，单击"确定"按钮，效果如图 5-52 所示。

图 5-51 图 5-52

（20）选择"钢笔"工具 ✐，在页面中分别绘制曲线，如图 5-53 所示。选择"选择"工具 ▶，按住 Shift 键的同时，将所绘制的曲线同时选取，填充描边为白色，在属性栏中将"描边粗细"选项设置为 1.5pt，按 Enter 键，效果如图 5-54 所示。

图 5-53　　　　　　　　　　图 5-54

（21）选择"文件 > 置入"命令，弹出"置入"对话框，选择光盘中的"Ch05 > 素材 >儿童成长书籍封面设计 > 01"文件，单击"置入"按钮，将图片置入页面中，单击属性栏中的"嵌入"按钮，嵌入图片。选择"选择"工具 ▶，拖曳图片到适当的位置并调整其大小，效果如图 5-55 所示。选择"矩形"工具 ▣，按住 Shift 键的同时，在适当的位置拖曳鼠标绘制出一个正方形，如图 5-56 所示。

图 5-55　　　　　　　　　　图 5-56

（22）选择"选择"工具 ▶，按住 Shift 键的同时，单击下方的图片将其同时选取，如图 5-57 所示。按 Ctrl+7 组合键，建立剪切蒙版，效果如图 5-58 所示。

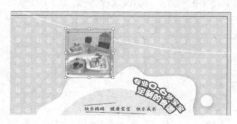 

图 5-57　　　　　　　　　　图 5-58

（23）填充描边为白色，选择"窗口 > 描边"命令，弹出"描边"控制面板，选项的设置如图 5-59 所示，描边效果如图 5-60 所示。

（24）选择"选择"工具 ▶，拖曳右上角的旋转图标将其旋转到适当的角度，效果如图 5-61 所示。使用相同的方法置入其他图片并制作出如图 5-62 所示的效果。

图 5-59

图 5-60

图 5-61

图 5-62

（25）选择"选择"工具 ，按住 Shift 键的同时，依次单击选取需要的图片，如图 5-63 所示。连续按 Ctrl+ [组合键，向后移动图形到适当的位置，效果如图 5-64 所示。

图 5-63

图 5-64

（26）选择"文件 > 置入"命令，弹出"置入"对话框，选择光盘中的"Ch05 > 素材 >儿童成长书籍封面设计 >04"文件，单击"置入"按钮，将图片置入页面中，单击属性栏中的"嵌入"按钮，嵌入图片。选择"选择"工具 ，拖曳图片到适当的位置并调整其大小，效果如图 5-65 所示。

（27）选择"文字"工具 ，在适当的位置分别输入需要的文字，选择"选择"工具 ，在属性栏中分别选择合适的字体并设置文字大小，效果如图 5-66 所示。选取文字"新架构出版社"，按 Alt+ →组合键，调整文字间距，效果如图 5-67 所示。

图 5-65

图 5-66

图 5-67

5.1.3　制作封底和书脊效果

（1）选择"钢笔"工具，在页面中绘制出一条曲线，填充曲线描边为白色，在属性栏中将"描边粗细"选项设置为 1.5pt，按 Enter 键，效果如图 5-68 所示。

（2）选择"选择"工具，按住 Shift 键的同时，选取封面中需要的图片，如图 5-69 所示。按住 Alt 键的同时，用鼠标向左拖曳图形到封底上复制图片，然后分别调整其位置和大小，效果如图 5-70 所示。

图 5-68

图 5-69

图 5-70

（3）使用相同的方法复制封面中其余需要的文字和图形，并调整其位置和大小，效果如图 5-71 所示。选择"文件 > 置入"命令，弹出"置入"对话框，选择光盘中的"Ch05 > 素材 >儿童成长书籍封面设计 > 05"文件，单击"置入"按钮，将图片置入页面中，单击属性栏中的"嵌入"按钮，嵌入图片。选择"选择"工具，拖曳图片到适当的位置并调整其大小，效果如图 5-72 所示。

（4）选择"文字"工具，在适当的位置输入需要的文字，选择"选择"工具，在属性栏中选择合适的字体并设置文字大小，效果如图 5-73 所示。

图 5-71

图 5-72

图 5-73

（5）选择"圆角矩形"工具，在页面中单击鼠标左键，弹出"圆角矩形"对话框，选项的设置如图 5-74 所示，单击"确定"按钮，得到一个圆角矩形。选择"选择"工具，拖曳圆角矩形到适当的位置，效果如图 5-75 所示。设置图形填充颜色为浅黄色（其 C、M、Y、K 的值分别为 0、10、100、0），填充图形，效果如图 5-76 所示。

（6）选择"直排文字"工具，在适当的位置输入需要的文字，选择"选择"工具，在属性栏中选择合适的字体并设置文字大小，填充文字为白色，效果如图 5-77 所示。

（7）选择"选择"工具，选取封面中需要的图片，如图 5-78 所示。按住 Alt 键的同时，用鼠标向左拖曳图形到书脊上适当的位置复制图片，效果如图 5-79 所示。

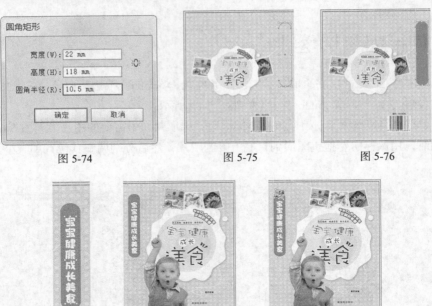

图 5-74 图 5-75 图 5-76

图 5-77 图 5-78 图 5-79

（8）选择"直排文字"工具，在适当的位置分别输入需要的文字，选择"选择"工具，在属性栏中分别选择合适的字体并设置文字大小，效果如图 5-80 所示。选取文字"新架构出版社"，按 Alt+ →组合键，调整文字的间距，效果如图 5-81 所示。至此，儿童成长书籍封面制作完成，效果如图 5-82 所示。

图 5-80 图 5-81 图 5-82

（9）按 Ctrl+S 组合键，弹出"存储为"对话框，将其命名为"儿童成长书籍封面"，保存为 AI 格式，单击"保存"按钮，将文件保存。

Photoshop 应用

5.1.4 制作封面立体效果

（1）打开 Photoshop 软件，按 Ctrl + N 组合键，新建一个文件，宽度为 29.9cm，高度为 40cm，分辨率为 300 像素/英寸，颜色模式为 RGB，背景内容为白色，单击"确定"按钮。

（2）选择"渐变"工具，单击属性栏中的"点按可编辑渐变"按钮，弹出"渐变编辑器"对话框，将渐变颜色设为从黑色到灰色（其 R、G、B 的值分别为 156、156、156），如图 5-83 所示，单击"确定"按钮。按住 Shift 键的同时，在图像窗口中由上至下拖曳渐变色，效果如图 5-84 所示。

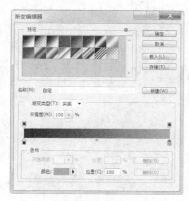

图 5-83　　　　　　　　　　　　　　　图 5-84

（3）按 Ctrl + O 组合键，打开光盘中的"Ch05 > 素材 > 儿童成长书籍封面设计 > 06"文件，选择"移动"工具，将图片拖曳到图像窗口中的适当位置，效果如图 5-85 所示，在"图层"控制面板中生成新图层并将其命名为"模型"。新建图层并将其命名为"阴影"，选择"多边形套索"工具，在图像窗口中绘制选区，如图 5-86 所示。

（4）将前景色设为黑色。选择"画笔"工具，在属性栏中单击"画笔"选项右侧的按钮，在弹出的画笔面板中选择需要的画笔形状，如图 5-87 所示。在图像窗口中拖曳鼠标绘制图像，效果如图 5-88 所示。按 Ctrl+D 组合键，取消选区。

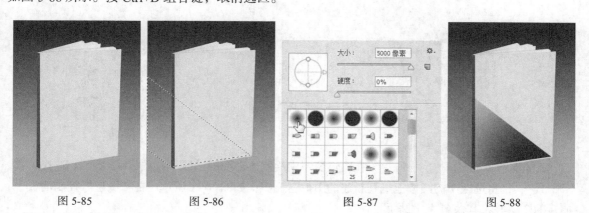

图 5-85　　　　　　　图 5-86　　　　　　　图 5-87　　　　　　　图 5-88

（5）在"图层"控制面板中，将"阴影"图层拖曳到"模型"图层的下方，如图 5-89 所示，图像效果如图 5-90 所示。

（6）按 Ctrl+O 组合键，打开光盘中的"Ch05 > 效果 > 儿童成长书籍封面设计 > 儿童成长书籍封面"文件。选择"视图 > 新建参考线"命令，弹出"新建参考线"对话框，选项的设置如图 5-91 所示，单击"确定"按钮，效果如图 5-92 所示。使用相同的方法在 24.2cm 处新建水平参考线，效果如图 5-93 所示。

图 5-89　　　　　　　　　　图 5-90　　　　　　　　　　图 5-91

图 5-92　　　　　　　　　　　　　　　图 5-93

（7）选择"视图 > 新建参考线"命令，弹出"新建参考线"对话框，选项的设置如图 5-94 所示，单击"确定"按钮，效果如图 5-95 所示。用相同的方法在 17.1cm、19.3cm 和 36.1cm 处分别新建垂直参考线，效果如图 5-96 所示。

图 5-94　　　　　　　　　图 5-95　　　　　　　　　图 5-96

（8）选择"矩形选框"工具，在图像窗口中绘制出需要的选区，如图 5-97 所示。选择"移动"工具，将选区中的图像拖曳到新建的图像窗口中，如图 5-98 所示。在"图层"控制面板中生成新的图层并将其命名为"封面"。

（9）按 Ctrl+T 组合键，图像周围出现变换框，按住 Ctrl 键的同时，拖曳右下角的控制手柄到适当的位置，如图 5-99 所示。使用相同的方法分别拖曳其他的控制手柄到适当的位置，然后按 Enter 键确认操作，效果如图 5-100 所示。

（10）选择"矩形选框"工具，在图像窗口中绘制出需要的选区，如图 5-101 所示。选择"移动"工具，将选区中的图像拖曳到新建的图像窗口中，如图 5-102 所示。在"图层"控制面板中生成新的图层并将其命名为"书脊"。

图 5-97　　　　　　　　　　　图 5-98　　　　　　　　　　　图 5-99

图 5-100　　　　　　　　　　图 5-101　　　　　　　　　　图 5-102

（11）按 Ctrl+T 组合键，图像周围出现变换框，按住 Ctrl 键的同时，拖曳左下角的控制手柄到适当的位置，如图 5-103 所示。使用相同的方法分别拖曳其他的控制手柄到适当的位置，然后按 Enter 键确认操作，效果如图 5-104 所示。

图 5-103　　　　　　　　　　图 5-104

（12）至此，儿童成长书籍封面立体效果制作完成。按 Ctrl+S 组合键，弹出"存储为"对话框，将其命名为"儿童成长书籍封面立体效果"，保存图像为 PSD 格式，单击"保存"按钮，弹出"Photoshop 格式选项"对话框，单击"确定"按钮，将图像保存。

5.2　爱情解说书籍封面设计

【案例学习目标】在 Illustrator 中，学习使用参考线分割页面；使用绘图工具、文字工具添加相关内容和出版信息。在 Photoshop 中，学习使用多种滤镜命令为图片添加滤镜效果；使用多种调整命令调整图片颜色；使用变换命令制作立体效果。

【案例知识要点】在 Illustrator 中，使用直线段工具和混合工具制作装饰线条；使用钢笔工具、建立复合路径命令和渐变工具制作人物剪影；使用椭圆工具、直接选择工具和连接路径命令制作半圆形；使用文字工具和填充工具添加标题及相关信息；使用插入字形命令插入需要的字形；使用矩形工具和创建剪切蒙版命令制作图片剪切蒙版。在 Photoshop 中，使用晶格化滤镜命令为图片添加晶格化效果；使用高斯模糊命令为图片添加模糊效果；使用曲线命令和亮度/对比度命令调整图片颜色；使用图层面板、画笔工具和渐变工具制作图片渐隐效果；使用变换命令制作立体图效果；使用横排文字工具添加标题文字。爱情解说书籍封面和海报效果如图 5-105 所示。

【效果所在位置】光盘/Ch05/效果/爱情解说书籍封面设计/爱情解说书籍封面.ai、爱情解说书籍封面海报.psd。

图 5-105

Illustrator 应用

5.2.1 制作封面效果

（1）打开 Illustrator 软件，按 Ctrl+N 组合键，新建一个文档，设置文档的宽度为 358mm，高度为 239mm，取向为横向，颜色模式为 CMYK，单击"确定"按钮。

（2）按 Ctrl+R 组合键，显示标尺。选择"选择"工具 ，在页面中拖曳出一条垂直参考线，选择"窗口 > 变换"命令，弹出"变换"面板，将"X"轴选项设为 169mm，如图 5-106 所示，按 Enter 键确认操作，效果如图 5-107 所示。保持参考线的选取状态，在"变换"面板中将"X"轴选项设为 189mm，按 Alt+Enter 组合键，确认操作，效果如图 5-108 所示。

图 5-106

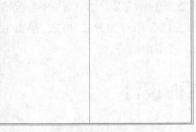

图 5-107

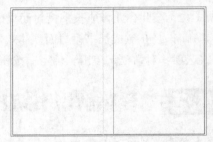

图 5-108

（3）选择"矩形"工具▣，在适当的位置拖曳鼠标绘制出一个矩形，设置图形填充颜色为黄色（其 C、M、Y、K 的值分别为 0、0、100、0），填充图形，并设置描边色为无，效果如图 5-109 所示。

（4）选择"直线段"工具╱，按住 Shift 键的同时，在适当的位置绘制出一条竖线，设置描边色为红色（其 C、M、Y、K 的值分别为 100、100、0、0），填充描边，在属性栏中将"描边粗细"选项设为 0.5pt，按 Enter 键，效果如图 5-110 所示。

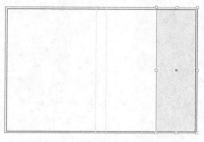

图 5-109

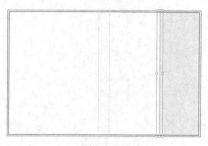

图 5-110

（5）选择"直线段"工具╱，在适当的位置绘制出一条斜线，并设置描边色为红色（其 C、M、Y、K 的值分别为 100、100、0、0），填充描边，在属性栏中将"描边粗细"选项设为 0.5pt，按 Enter 键，效果如图 5-111 所示。

（6）选择"选择"工具▶，按住 Alt+Shift 组合键的同时，垂直向上拖曳斜线到适当的位置复制斜线。设置斜线描边色为灰色（其 C、M、Y、K 的值分别为 0、0、0、20），填充描边，效果如图 5-112 所示。

图 5-111

图 5-112

（7）选择"选择"工具▶，按住 Alt+Shift 组合键的同时，垂直向上拖曳斜线到适当的位置，再复制出一条斜线，如图 5-113 所示。将两条斜线同时选取，双击"混合"工具▣，在弹出的对话框中进行设置，如图 5-114 所示，单击"确定"按钮，在两条斜线上单击生成混合，如图 5-115 所示。

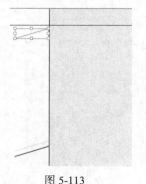

图 5-113

图 5-114

图 5-115

（8）使用上述相同的方法绘制其他斜线，效果如图 5-116 所示。选择"钢笔"工具▣，在页面中分别绘制出不规则图形，如图 5-117 所示。选择"选择"工具 ，按住 Shift 键的同时，将所绘制的图形同时选取，按 Ctrl+8 组合键，建立复合路径，效果如图 5-118 所示。

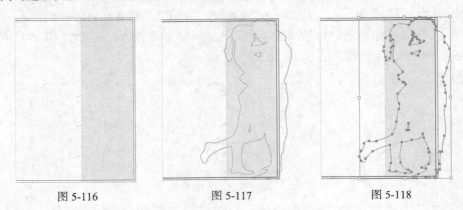

图 5-116　　　　　　　　图 5-117　　　　　　　　图 5-118

（9）双击"渐变"工具 ，弹出"渐变"控制面板，在色带上设置 3 个渐变滑块，分别将渐变滑块的位置设为 0、33、55、100，并设置 C、M、Y、K 的值分别为 0（0、0、0、0）、33（0、76、100、0）、55（100、0、0、0）、100（0、100、0、0），其他选项的设置如图 5-119 所示，图形被填充渐变色，并设置描边色为无，效果如图 5-120 所示。

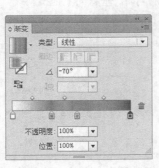
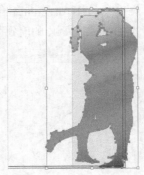

图 5-119　　　　　　　　　　　图 5-120

（10）选择"矩形"工具 ，在适当的位置绘制出一个矩形，如图 5-121 所示。选择"选择"工具 ，按住 Shift 键的同时，单击下方渐变图形将其同时选取，如图 5-122 所示。按 Ctrl+7 组合键，建立剪切蒙版，效果如图 5-123 所示。

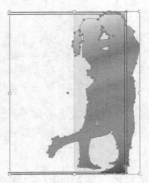

图 5-121　　　　　　　　图 5-122　　　　　　　　图 5-123

（11）选择"文字"工具![T]，在适当的位置输入需要的文字，选择"选择"工具![箭头]，在属性栏中选择合适的字体并设置文字大小，按 Alt+↑组合键，调整文字行距，效果如图 5-124 所示。设置文字为红色（其 C、M、Y、K 的值分别为 0、100、100、0），填充文字，效果如图 5-125 所示。

图 5-124　　　　　　　　　　图 5-125

（12）选择"椭圆"工具![椭圆]，按住 Shift 键的同时，在适当的位置绘制出一个圆形，填充图形为白色并设置描边色为红色（其 C、M、Y、K 的值分别为 100、100、0、0），填充描边，在属性栏中将"描边粗细"选项设为 1pt，按 Enter 键，效果如图 5-126 所示。

（13）选择"文字"工具![T]，在适当的位置输入需要的文字，选择"选择"工具![箭头]，在属性栏中选择合适的字体并设置文字大小，按 Alt+↑组合键，调整文字的行距。设置文字为灰色（其 C、M、Y、K 的值分别为 0、0、0、20），填充文字，效果如图 5-127 所示。

（14）选择"选择"工具![箭头]，选取圆形，按住 Alt+Shift 键的同时，垂直向下拖曳圆形到适当的位置复制圆形，效果如图 5-128 所示。

图 5-126　　　　　　　　　　图 5-127　　　　　　　　　　图 5-128

（15）选择"直接选择"工具![箭头]，选取不需要的锚点，如图 5-129 所示。按 Delete 键将其删除，如图 5-130 所示。

（16）选择"直接选择"工具![箭头]，按住 Shift 键的同时，依次单击选取需要的锚点，如图 5-131 所示，按 Ctrl+J 组合键，连接路径，效果如图 5-132 所示。

（17）选择"直排文字"工具![IT]，在适当的位置输入需要的文字，选择"选择"工具![箭头]，在属性栏中选择合适的字体并设置文字大小，设置文字为灰色（其 C、M、Y、K 的值分别为 0、0、0、20），填充文字，效果如图 5-133 所示。

（18）选择"文字"工具 T，在适当的位置输入需要的文字，选择"选择"工具 ，在属性栏中选择合适的字体并设置文字大小，按 Alt+↑组合键，调整文字行距，效果如图 5-134 所示。设置文字为红色（其 C、M、Y、K 的值分别为 0、100、100、0），填充文字，效果如图 5-135 所示。

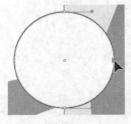

图 5-129   图 5-130   图 5-131   图 5-132

图 5-133   图 5-134   图 5-135

（19）选择"文字"工具 T，单击属性栏中的"右对齐"按钮 ，在适当的位置分别输入需要的文字，选择"选择"工具 ，在属性栏中选择合适的字体并设置文字大小，效果如图 5-136 所示。选择"文字"工具 T，在适当的位置单击插入光标，如图 5-137 所示。

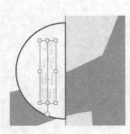      

[美]丹尼尔罗谱   [美]丹尼尔罗谱
张罗美   张罗美

图 5-136   图 5-137

（20）选择"文字 > 字形"命令，在弹出的"字形"面板中进行设置并选择需要的字形，如图 5-138 所示。双击鼠标左键插入字形，效果如图 5-139 所示。

（21）选择"椭圆"工具 ，按住 Shift 键的同时，在适当的位置绘制出一个圆形，填充图形为黑色，并设置描边色为无，效果如图 5-140 所示。

（22）选择"文字"工具 T，单击属性栏中的"左对齐"按钮 ，在适当的位置输入需要的文字，选择"选择"工具 ，在属性栏中选择合适的字体并设置文字大小，填充文字为白色，效果如图 5-141 所示。

字形
显示：完整字体
U+00b7
新宋体

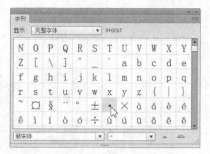

图 5-138

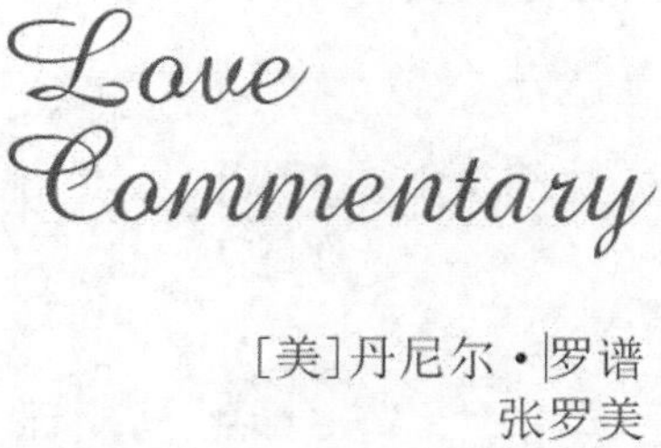
Love
Commentary
[美]丹尼尔・罗谱
张罗美

图 5-139

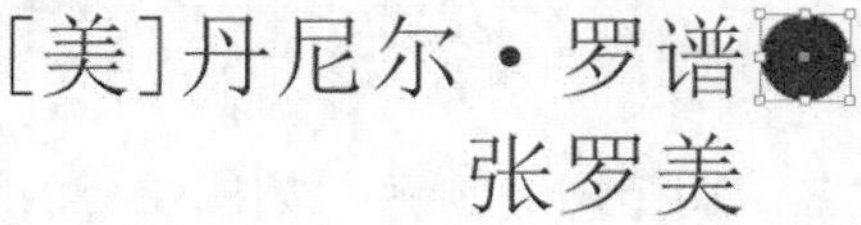
[美]丹尼尔・罗谱
张罗美

图 5-140

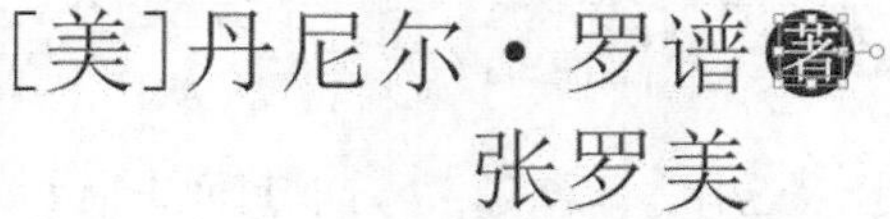
[美]丹尼尔・罗谱著
张罗美

图 5-141

（23）选择“选择”工具，按住 Shift 键的同时，单击下方圆形将其同时选取，如图 5-142 所示。按住 Alt+Shift 组合键的同时，垂直向下拖曳图形到适当的位置复制图形，效果如图 5-143 所示。

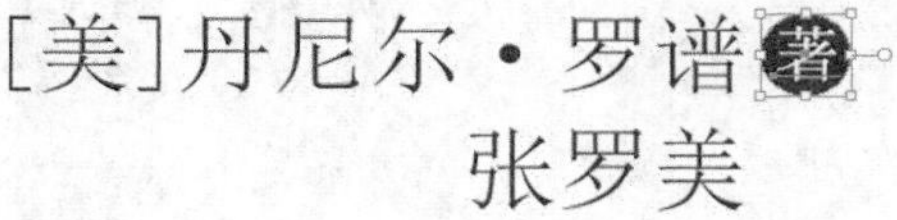
[美]丹尼尔・罗谱著
张罗美

图 5-142

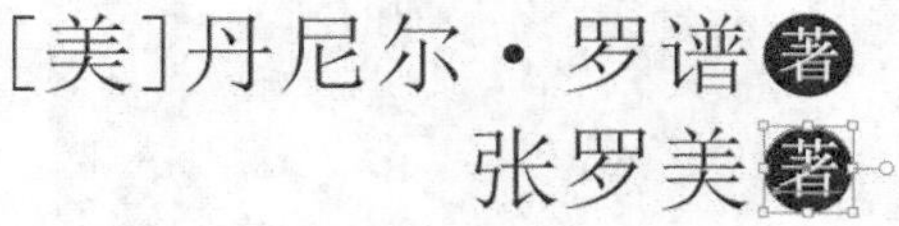
[美]丹尼尔・罗谱著
张罗美著

图 5-143

（24）选择“文字”工具，在适当的位置输入需要的文字，选择“选择”工具，在属性栏中选择合适的字体并设置文字大小，效果如图 5-144 所示。按 Alt+ →组合键，调整文字间距，效果如图 5-145 所示。

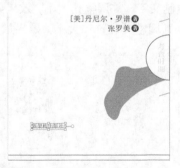

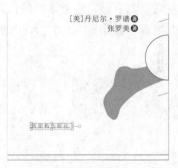

[美]丹尼尔・罗谱著
张罗美著

图 5-144

[美]丹尼尔・罗谱著
张罗美著

图 5-145

5.2.2　制作封底和书脊效果

（1）选择“矩形”工具，在适当的位置拖曳鼠标绘制出一个矩形，设置图形填充颜色为黄色（其 C、M、Y、K 的值分别为 0、0、100、0），填充图形，并设置描边色为无，效果如图 5-146 所示。

（2）选择“椭圆”工具，按住 Shift 键的同时，在适当的位置绘制出一个圆形，设置描边色为灰色（其 C、M、Y、K 的值分别为 0、0、0、20），填充描边，在属性栏中将“描边粗细”选项设为 1.5pt，按 Enter 键，效果如图 5-147 所示。

图 5-146

图 5-147

（3）选择"选择"工具 ，选取封面中需要的文字，如图 5-148 所示。按住 Alt 键的同时，用鼠标向左拖曳文字到封底上适当的位置复制文字，并调整其大小，效果如图 5-149 所示。

图 5-148

图 5-149

（4）选择"选择"工具 ，按住 Shift 键的同时，选取封面中需要的图形和文字，按住 Alt 键的同时，用鼠标向左拖曳文字到封底上适当的位置复制文字，并调整其大小，效果如图 5-150 所示。使用相同的方法复制封面中其余需要的文字和图形，并调整其位置和大小，效果如图 5-151 所示。

图 5-150

图 5-151

（5）选择"文件 > 置入"命令，弹出"置入"对话框，选择光盘中的"Ch05> 素材 >爱情解说书籍封面设计 >01"文件，单击"置入"按钮，将图片置入页面中，单击属性栏中的"嵌入"按钮，嵌入图片。选择"选择"工具 ，拖曳图片到适当的位置并调整其大小，效果如图 5-152 所示。

（6）选择"文字"工具 ，在适当的位置输入需要的文字，选择"选择"工具 ，在属性栏中选择合适的字体并设置文字大小，效果如图 5-153 所示。

图 5-152   图 5-153

（7）选择"选择"工具 ，选取封底中需要的图形，如图 5-154 所示。按住 Alt 键的同时，用鼠标向左拖曳图形到书脊上适当的位置复制图形，并调整其大小，效果如图 5-155 所示。

图 5-154   图 5-155

（8）选择"直排文字"工具 ，在适当的位置输入需要的文字，选择"选择"工具 ，在属性栏中选择合适的字体并设置文字大小，效果如图 5-156 所示。设置文字为红色（其 C、M、Y、K 的值分别为 0、100、100、0），填充文字，效果如图 5-157 所示。

（9）选择"直线段"工具 ，按住 Shift 键的同时，在适当的位置绘制出一条直线，设置描边色为红色（其 C、M、Y、K 的值分别为 100、100、0、0），填充描边，在属性栏中将"描边粗细"选项设为 1pt，按 Enter 键，效果如图 5-158 所示。

图 5-156   图 5-157   图 5-158

（10）选择"选择"工具 ，选取封面中需要的文字，如图 5-159 所示。按住 Alt 键的同时，用鼠标向左拖曳文字到书脊上适当的位置复制文字，效果如图 5-160 所示。选择"文字 > 文字方向 >

105

垂直"命令，将文字更改为垂直方向，效果如图 5-161 所示。

图 5-159

图 5-160

图 5-161

（11）使用相同的方法复制封面中其余需要的文字和图形，并调整其位置和大小，效果如图 5-162 所示。至此，爱情解说书籍封面制作完成，效果如图 5-163 所示。按 Ctrl+S 组合键，弹出"存储为"对话框，将其命名为"爱情解说书籍封面"，保存为 AI 格式，单击"保存"按钮，将文件保存。

图 5-162

图 5-163

Photoshop 应用

5.2.3　制作封面海报

（1）打开 Photoshop 软件，按 Ctrl + N 组合键，新建一个文件，宽度为 10cm，高度为 6cm，分辨率为 300 像素/英寸，颜色模式为 RGB，背景内容为白色，单击"确定"按钮。

（2）按 Ctrl + O 组合键，打开光盘中的"Ch05 > 素材 > 爱情解说书籍封面设计 > 02"文件，选择"移动"工具，将图片拖曳到图像窗口中适当的位置，效果如图 5-164 所示，在"图层"控制面板中生成新图层并将其命名为"图片"。

图 5-164

（3）选择"滤镜 > 模糊 > 高斯模糊"命令，在弹出的对话框中进行设置，如图 5-165 所示，单击"确定"按钮，效果如图 5-166 所示。

图 5-165   图 5-166

（4）选择"滤镜 > 像素化 > 晶格化"命令，在弹出的对话框中进行设置，如图 5-167 所示，单击"确定"按钮，效果如图 5-168 所示。

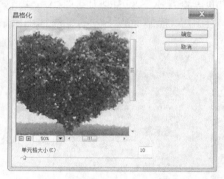

图 5-167   图 5-168

（5）单击"图层"控制面板下方的"创建新的填充或调整图层"按钮 ，在弹出的菜单中选择"曲线"命令，在"图层"控制面板中生成"曲线 1"图层，同时弹出"曲线"面板，在曲线上单击鼠标添加一个控制点，将"输入"选项设为 79，"输出"选项设为 77；再次添加一个控制点，将"输入"选项设为 213，"输出"选项设为 248，如图 5-169 所示，按 Enter 键，效果如图 5-170 所示。

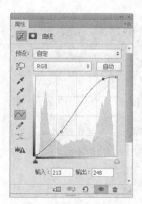

图 5-169   图 5-170

（6）单击"图层"控制面板下方的"创建新的填充或调整图层"按钮 ，在弹出的菜单中选择"亮度/对比度"命令，在"图层"控制面板中生成"亮度/对比度 1"图层，同时在弹出的"亮度

/对比度"面板中进行设置,如图 5-171 所示,按 Enter 键,效果如图 5-172 所示。

图 5-171

图 5-172

(7)按 Ctrl + O 组合键,打开光盘中的"Ch05 > 素材 > 爱情解说书籍封面设计 > 03"文件,选择"移动"工具 ,将图片拖曳到图像窗口中适当的位置,效果如图 5-173 所示,在"图层"控制面板中生成新图层并将其命名为"图片 1"。单击"图层"控制面板下方的"添加图层蒙版"按钮 ,为"图片"图层添加图层蒙版,如图 5-174 所示。

图 5-173

图 5-174

(8)将前景色设为黑色。选择"画笔"工具 ,在属性栏中单击"画笔"选项右侧的按钮 ,在弹出的面板中选择需要的画笔形状,如图 5-175 所示,在属性栏中将"不透明度"选项设为 80%,在图像窗口中拖曳鼠标擦除不需要的图像,效果如图 5-176 所示。

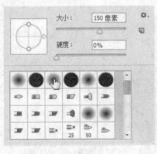
图 5-175

图 5-176

(9)在"图层"控制面板上方,将"图片 1"图层的混合模式选项设为"柔光",如图 5-177 所示,图像效果如图 5-178 所示。

(10)按 Ctrl + O 组合键,打开光盘中的"Ch05 > 素材 > 爱情解说书籍封面设计 > 04"文件,选择"移动"工具 ,将图片拖曳到图像窗口中适当的位置,效果如图 5-179 所示,在"图层"控制面板中生成新图层并将其命名为"自行车"。

图 5-177   图 5-178   图 5-179

（11）单击"图层"控制面板下方的"添加图层样式"按钮 fx，在弹出的菜单中选择"颜色叠加"命令，弹出对话框，将叠加颜色设为红色（其 R、G、B 的值分别为 119、7、0），其他选项的设置如图 5-180 所示，单击"确定"按钮，效果如图 5-181 所示。

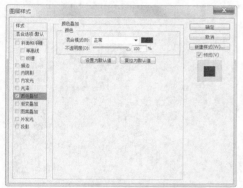

图 5-180   图 5-181

（12）单击"图层"控制面板下方的"添加图层样式"按钮 fx，在弹出的菜单中选择"投影"命令，弹出对话框，将阴影颜色设为深红色（其 R、G、B 的值分别为 150、1、0），其他选项的设置如图 5-182 所示，单击"确定"按钮，效果如图 5-183 所示。

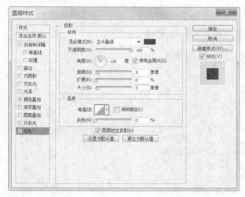

图 5-182   图 5-183

（13）按 Ctrl + O 组合键，打开光盘中的"Ch05 > 素材 > 爱情解说书籍封面设计 > 05、06"

文件，选择"移动"工具 🔼，将图片分别拖曳到图像窗口中适当的位置，效果如图 5-184 所示，在"图层"控制面板中分别生成新图层并将其命名为"花瓣""情人"，如图 5-185 所示。

（14）按 Ctrl+O 组合键，打开光盘中的"Ch05 > 效果 > 爱情解说书籍封面设计 > 爱情解说书籍封面"文件。选择"视图 > 新建参考线"命令，弹出"新建参考线"对话框，选项的设置如图 5-186 所示，单击"确定"按钮，效果如图 5-187 所示。使用相同的方法在 24.2cm 处新建水平参考线，效果如图 5-188 所示。

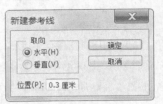

图 5-184　　　　　　　　　　图 5-185　　　　　　　　　　图 5-186

图 5-187　　　　　　　　　　　　　　　图 5-188

（15）选择"视图 > 新建参考线"命令，弹出"新建参考线"对话框，选项的设置如图 5-189 所示，单击"确定"按钮，效果如图 5-190 所示。使用相同的方法在 17.2cm、19.2cm 和 36.1cm 处分别新建垂直参考线，效果如图 5-191 所示。

图 5-189

（16）选择"矩形选框"工具 ▣，在图像窗口中绘制出需要的选区，如图 5-192 所示。选择"移动"工具 🔼，将选区中的图像拖曳到新建的图像窗口中，如图 5-193 所示。在"图层"控制面板中生成新的图层并将其命名为"封面"。

图 5-190　　　　　　　　　　　　　　　图 5-191

图 5-192

图 5-193

（17）按 Ctrl+T 组合键，图像周围出现变换框，按住 Ctrl 键的同时，拖曳右下角的控制手柄到适当的位置，如图 5-194 所示。使用相同的方法分别拖曳其他控制手柄到适当的位置，按 Enter 键确认操作，效果如图 5-195 所示。

图 5-194

图 5-195

（18）选择"矩形选框"工具 ，在图像窗口中绘制出需要的选区，如图 5-196 所示。选择"移动"工具 ，将选区中的图像拖曳到新建的图像窗口中，如图 5-197 所示。在"图层"控制面板中生成新的图层并将其命名为"书脊"。

图 5-196

图 5-197

（19）按 Ctrl+T 组合键，图像周围出现变换框，按住 Ctrl 键的同时，拖曳左下角的控制手柄到适当的位置，如图 5-198 所示。使用相同的方法分别拖曳其他控制手柄到适当的位置，按 Enter 键确认操作，效果如图 5-199 所示。

（20）新建图层并将其命名为"阴影 1"，将前景色设为黑色。按住 Ctrl 键的同时，单击"封面"图层的缩览图，图像周围生成选区，如图 5-200 所示。按 Alt+Delete 组合键，用前景色填充选区，按 Ctrl+D 组合键，取消选区，效果如图 5-201 所示。

图 5-198

图 5-199

图 5-200

图 5-201

（21）在"图层"控制面板上方，将"阴1"图层的"不透明度"选项设为 25%，如图 5-202 所示，图像效果如图 5-203 所示。

图 5-202

图 5-203

（22）单击"图层"控制面板下方的"添加图层蒙版"按钮 ，为"阴影 1"图层添加图层蒙版，如图 5-204 所示。选择"渐变"工具 ，单击属性栏中的"点按可编辑渐变"按钮 ，弹出"渐变编辑器"对话框，将渐变色设为黑色到白色，在图像窗口中从右上角向左下角拖曳渐变色，松开鼠标左键，效果如图 5-205 所示。

图 5-204

图 5-205

（23）新建图层并将其命名为"阴影 2"。按住 Ctrl 键的同时，单击"书脊"图层的缩览图，图像周围生成选区，如图 5-206 所示。按 Alt+Delete 组合键，用前景色填充选区，按 Ctrl+D 组合键，取消选区，效果如图 5-207 所示。

図 5-206　　　　　　　　　　　　　　　　図 5-207

（24）在"图层"控制面板上方，将"阴影 2"图层的"不透明度"选项设为 32%，如图 5-208 所示，图像效果如图 5-209 所示。

図 5-208　　　　　　　　　　　　　　図 5-209

（25）单击"图层"控制面板下方的"添加图层蒙版"按钮 ，为"阴影 2"图层添加图层蒙版，如图 5-210 所示。选择"渐变"工具 ，在图像窗口中从上向下拖曳渐变色，松开鼠标左键，效果如图 5-211 所示。

図 5-210　　　　　　　　　　　　　　図 5-211

（26）在"图层"控制面板中，按住 Shift 键的同时，依次单击"封面"图层和"书脊"图层将其同时选取，如图 5-212 所示。按 Ctrl+E 组合键，合并图层并将其命名为"书"，如图 5-213 所示。

（27）单击"图层"控制面板下方的"添加图层样式"按钮 ，在弹出的菜单中选择"斜面和浮雕"命令，在弹出的对话框中进行设置，如图 5-214 所示，单击"确定"按钮，效果如图 5-215 所示。

图 5-212

图 5-213

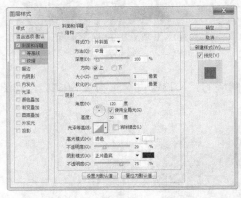

图 5-214

图 5-215

（28）单击"图层"控制面板下方的"添加图层样式"按钮 <kbd>fx</kbd>，在弹出的菜单中选择"投影"命令，在弹出的对话框中进行设置，如图 5-216 所示，单击"确定"按钮，效果如图 5-217 所示。

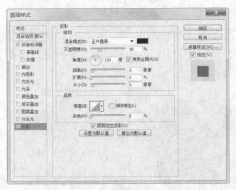

图 5-216

图 5-217

（29）将前景色设为红色（其 R、G、B 的值分别为 230、0、18）。选择"横排文字"工具 <kbd>T</kbd>，在适当的位置输入需要的文字并选取文字，在属性栏中选择合适的字体并设置大小，效果如图 5-218 所示。按 Alt+↑组合键，调整文字行距，效果如图 5-219 所示，在"图层"控制面板中生成新的文字图层。

图 5-218

图 5-219

5.3　课后习题——散文诗书籍封面设计

【习题知识要点】在 Photoshop 中，使用圆角矩形工具、矩形工具和渐变工具制作背景渐变；使用画笔工具绘制草地；使用椭圆选框工具、羽化命令制作太阳图形；使用描边命令添加白色边框。在 Illustrator 中，使用描边控制面板添加文字白色描边；使用星形工具、旋转扭曲工具和不透明度命令制作太阳光；使用钢笔工具、椭圆工具和网格工具绘制树图形。散文诗书籍封面效果如图 5-220 所示。

【效果所在位置】光盘/Ch05/效果/散文诗书籍封面设计。

图 5-220

第6章
唱片封面设计

唱片封面设计是应用设计的一个重要门类。唱片封面是音乐的外貌，不仅要体现出唱片的内容和性质，还要体现出音乐的美感。本章以唱片 CD 的封面设计为例，讲解唱片封面的设计方法和制作技巧。

课堂学习目标

- 在 Photoshop 软件中制作唱片封面底图
- 在 Illustrator 软件中添加文字及出版信息

6.1 CD 唱片封面设计

【案例学习目标】在 Photoshop 中，学习使用新建参考线命令添加参考线；使用调色命令、绘图工具和渐变工具制作唱片封面底图。在 Illustrator 中，学习使用置入命令、绘图工具、填充工具和文字工具添加标题及相关信息。

【案例知识要点】在 Photoshop 中，使用矩形工具和创建剪贴蒙版命令制作图片剪切效果；使用照片滤镜命令和色阶命令调整图片的色调；使用变换选区命令调整选区大小；使用内阴影命令为图形添加内阴影效果。在 Illustrator 中，使用置入命令置入素材图片；使用绘图工具、文字工具和填充工具添加标题及相关信息；使用圆角矩形工具、添加锚点工具和直接选择工具制作装饰图形；使用矩形网格工具绘制需要的网格；使用文字工具、制表符命令和字符面板添加介绍性文字。CD 唱片封面设计效果如图 6-1 所示。

【效果所在位置】光盘/Ch06/效果/CD 唱片封面设计/CD 唱片封面.ai。

图 6-1

Photoshop 应用

6.1.1 制作唱片封面底图

（1）按 Ctrl + N 组合键，新建一个文件，宽度为 30.45cm，高度为 13.2cm，分辨率为 300 像素/英寸，颜色模式为 RGB，背景内容为白色。选择"视图 > 新建参考线"命令，在弹出的对话框中进行设置，如图 6-2 所示，单击"确定"按钮，效果如图 6-3 所示。使用相同的方法在 12.9cm 处新建参考线，如图 6-4 所示。

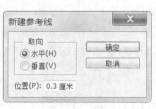

图 6-2

图 6-3

117

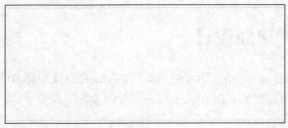

图 6-4

（2）选择"视图 > 新建参考线"命令，在弹出的对话框中进行设置，如图 6-5 所示，单击"确定"按钮，效果如图 6-6 所示。使用相同的方法在 14.6cm、15.85cm 和 30.15cm 处分别新建参考线，如图 6-7 所示。

图 6-5

图 6-6

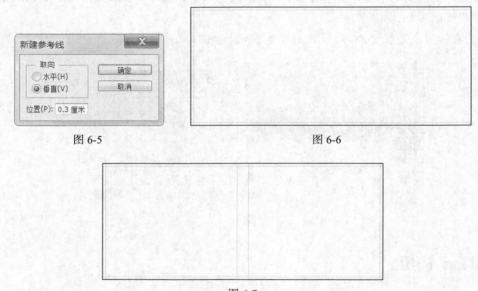

图 6-7

（3）将前景色设为浅灰色（其 R、G、B 的值分别为 226、230、231），按 Alt+Delete 组合键，用前景色填充"背景"图层，效果如图 6-8 所示。将前景色设为白色。选择"矩形"工具 ，在属性栏中的"选择工具模式"选项中选择"形状"，在图像窗口中拖曳鼠标绘制出一个矩形，效果如图 6-9 所示，在"图层"控制面板中生成新的图层"矩形 1"。

图 6-8   图 6-9

（4）按 Ctrl + O 组合键，打开光盘中的"Ch06 > 素材 > CD 唱片封面设计 > 01"文件，选择

"移动"工具 ，将图片拖曳到图像窗口中适当的位置并调整其大小，效果如图 6-10 所示，在"图层"控制面板中生成新图层并将其命名为"图片"。按 Ctrl+Alt+G 组合键，为"图片"图层创建剪贴蒙版，图像效果如图 6-11 所示。

图 6-10

图 6-11

（5）单击"图层"控制面板下方的"创建新的填充或调整图层"按钮 ，在弹出的菜单中选择"照片滤镜"命令，在"图层"控制面板中生成"照片滤镜 1"图层，同时在弹出的"照片滤镜"面板中进行设置，如图 6-12 所示，按 Enter 键，效果如图 6-13 所示。

图 6-12

图 6-13

（6）单击"图层"控制面板下方的"创建新的填充或调整图层"按钮 ，在弹出的菜单中选择"色阶"命令，在"图层"控制面板中生成"色阶 1"图层，同时在弹出的"色阶"面板中进行设置，如图 6-14 所示，按 Enter 键，效果如图 6-15 所示。

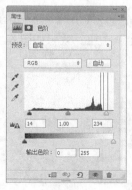

图 6-14

图 6-15

（7）新建图层并将其命名为"形状"。选择"钢笔"工具 ，在属性栏中的"选择工具模式"选项中选择"路径"，在图像窗口中绘制路径。按 Ctrl+Enter 组合键，将路径转换为选区，如图 6-16 所示。选择"渐变"工具 ，单击属性栏中的"点按可编辑渐变"按钮 ，弹出"渐变编

辑器"对话框，在"位置"选项中分别输入 0、46、100 三个位置点，分别设置 3 个位置点颜色的
RGB 值为 0（226、201、0），46（212、165、0），100（226、201、0），如图 6-17 所示。按住
Shift 键的同时，在选区中由上至下拖曳渐变色，效果如图 6-18 所示。

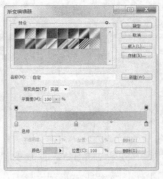

图 6-16 图 6-17 图 6-18

（8）选择"选择 > 变换选区"命令，在选区周围出现控制手柄，如图 6-19 所示，向左拖曳右
边中间的控制手柄到适当的位置，调整选区的大小，按 Enter 键确定操作，如图 6-20 所示。新建图
层并将其命名为"形状 1"。将前景色设为灰色（其 R、G、B 的值分别为 210、210、204）。按
Alt+Delete 组合键，用前景色填充选区，按 Ctrl+D 组合键，取消选区，效果如图 6-21 所示。

图 6-19 图 6-20 图 6-21

（9）单击"图层"控制面板下方的"添加图层样式"按钮 _fx_ ，在弹出的菜单中选择"内阴影"
命令，在弹出的对话框中进行设置，如图 6-22 所示，单击"确定"按钮，效果如图 6-23 所示。

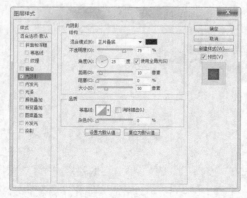

图 6-22 图 6-23

（10）单击"图层"控制面板下方的"创建新组"按钮 ⬜，生成新的图层组并将其命名为"条"。将前景色设为深黑色（其 R、G、B 的值分别为 45、43、47）。选择"矩形"工具 ⬛，在属性栏中的"选择工具模式"选项中选择"形状"，在图像窗口中拖曳鼠标绘制出一个矩形，效果如图 6-24 所示，在"图层"控制面板中生成新的图层"矩形 2"。

（11）按 Ctrl+Alt+T 组合键，在图像周围出现变换框，按住 Shift 键的同时，垂直向下拖曳图形到适当的位置，复制图形，按 Enter 键确定操作，效果如图 6-25 所示。按 Ctrl+Shift+Alt+T 组合键，再复制一个图形，如图 6-26 所示。

图 6-24　　　　　　　　　　　　图 6-25　　　　　　　　　　　　图 6-26

（12）单击"条"图层组左侧的三角形图标 ▼，将"条"图层组中的图层隐藏。连续 4 次将"条"图层组拖曳到"图层"控制面板下方的"创建新图层"按钮 ⬜ 上进行复制，生成新的拷贝图层，如图 6-27 所示。选择"移动"工具 ⊹，在图像窗口中分别拖曳复制的图形到适当的位置，并调整其大小和角度，效果如图 6-28 所示。

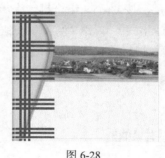

图 6-27　　　　　　　　　　　　图 6-28

（13）将前景色设为红色（其 R、G、B 的值分别为 148、0、18）。选择"矩形"工具 ⬛，在属性栏中的"选择工具模式"选项中选择"形状"，在图像窗口中拖曳鼠标绘制出一个矩形，效果如图 6-29 所示，在"图层"控制面板中生成新的图层"矩形 3"。

（14）连续 3 次将"矩形 3"图层拖曳到"图层"控制面板下方的"创建新图层"按钮 ⬜ 上进行复制，生成新的拷贝图层，如图 6-30 所示。选择"移动"工具 ⊹，在图像窗口中分别拖曳复制的图形到适当的位置，并调整其大小和角度，效果如图 6-31 所示。

（15）在"图层"控制面板中，按住 Shift 键的同时，将"矩形 3 拷贝 3"图层和"条"图层组之间的所有图层同时选取，如图 6-32 所示。按 Ctrl+E 组合键，合并图层并将其命名为"条形"，如图 6-33 所示。按 Ctrl+Alt+G 组合键，为"条形"图层创建剪贴蒙版，图像效果如图 6-34 所示。

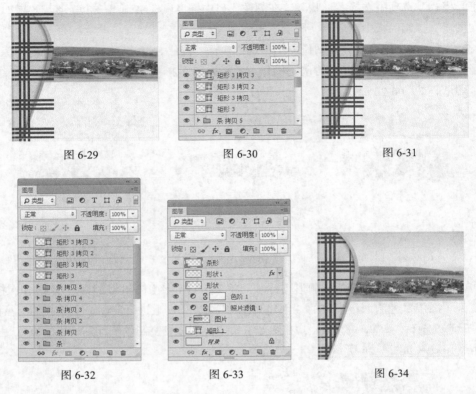

图 6-29　　　　　　　　　图 6-30　　　　　　　　　图 6-31

图 6-32　　　　　　　　　图 6-33　　　　　　　　　图 6-34

（16）至此，CD 唱片封面底图制作完成。按 Ctrl+; 组合键，隐藏参考线。按 Shift+Ctrl+E 组合键，合并可见图层。按 Ctrl+S 组合键，弹出"存储为"对话框，将其命名为"CD 唱片封面底图"，保存为 JPEG 格式，单击"保存"按钮，弹出"JPEG 选项"对话框，单击"确定"按钮，将图像保存。

Illustrator 应用

6.1.2　制作唱片封面

（1）打开 Illustrator 软件，按 Ctrl+N 组合键，新建一个文档，设置文档的宽度为 298.5mm，高度为 126mm，取向为横向，颜色模式为 CMYK，其他选项的设置如图 6-35 所示，单击"确定"按钮。

（2）按 Ctrl+R 组合键，显示标尺。选择"选择"工具 ，在页面中拖曳一条垂直参考线，选择"窗口 > 变换"命令，弹出"变换"面板，将"X"轴选项设为 143mm，如图 6-36 所示，按 Enter 键确认操作，效果如图 6-37 所示。保持参考线的选取状态，在"变换"面板中将"X"轴选项设为 155.5mm，按 Alt+Enter 组合键，确认操作，效果如图 6-38 所示。

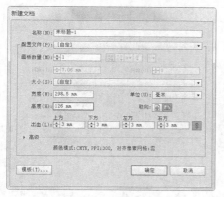

图 6-35

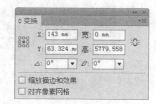

图 6-36

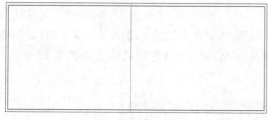

图 6-37

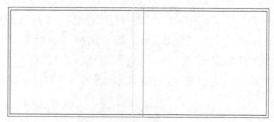

图 6-38

（3）选择"文件 > 置入"命令，弹出"置入"对话框，选择光盘中的"Ch06 > 效果 > CD 唱片封面设计 > CD 唱片封面底图"文件，单击"置入"按钮，将图片置入页面中，单击属性栏中的"嵌入"按钮，嵌入图片。选择"选择"工具，拖曳图片到适当的位置，效果如图 6-39 所示。用圈选的方法将图片和参考线同时选取，按 Ctrl+2 组合键，锁定所选对象。

（4）选择"钢笔"工具，在适当的位置绘制出一个不规则的闭合图形，设置图形填充颜色为土黄色（其 C、M、Y、K 的值分别为 20、35、85、0），填充图形，并设置描边色为无，效果如图 6-40 所示。

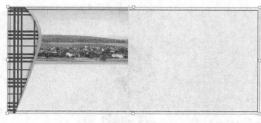

图 6-39

图 6-40

（5）选择"直排文字"工具，在适当的位置输入需要的文字，选择"选择"工具，在属性栏中选择合适的字体并设置文字大小，填充文字为白色，按 Alt+ ←组合键，调整文字间距，效果如图 6-41 所示。

（6）选择"文字"工具，在适当的位置分别输入需要的文字，选择"选择"工具，在属性栏中分别选择合适的字体并设置文字大小，填充文字为白色，效果如图 6-42 所示。

123

图 6-41　　　　　　　　　　　　图 6-42

（7）选择"直排文字"工具 ⊤ ，在适当的位置输入需要的文字，选择"选择"工具 ，在属性栏中选择合适的字体并设置文字大小，按 Alt+←组合键，调整文字间距，效果如图 6-43 所示。

（8）按 Ctrl+O 组合键，打开光盘中的"Ch06 > 素材 > CD 唱片封面设计 > 02"文件，按 Ctrl+A 组合键，全选图形。按 Ctrl+C 组合键，复制图形。选择正在编辑的页面，按 Ctrl+V 组合键，将其粘贴到页面中，选择"选择"工具 ，拖曳复制的图形到适当的位置并调整其大小，取消选取状态，效果如图 6-44 所示。

图 6-43　　　　　　　　　　　　图 6-44

（9）选择"文字"工具 ⊤ ，在适当的位置分别输入需要的文字，选择"选择"工具 ，在属性栏中选择合适的字体并设置文字大小，效果如图 6-45 所示。选取下方的英文文字，设置文字为土黄色（其 C、M、Y、K 的值分别为 0、23、100、70），填充文字，效果如图 6-46 所示。

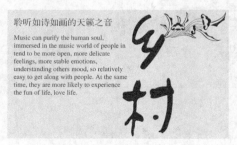

图 6-45　　　　　　　　　　　　图 6-46

（10）选择"圆角矩形"工具 ，在页面外单击鼠标左键，弹出"圆角矩形"对话框，选项的设置如图 6-47 所示，单击"确定"按钮，得到一个圆角矩形，如图 6-48 所示。

（11）双击"渐变"工具 ，弹出"渐变"控制面板，在色带上设置 3 个渐变滑块，分别将渐变滑块的位置设为 0、52、100，并设置 C、M、Y、K 的值分别为 0（13、0、0、35）、52（19、0、

0、51）、100（13、0、0、35），其他选项的设置如图 6-49 所示，图形被填充渐变色，并设置描边色为无，效果如图 6-50 所示。

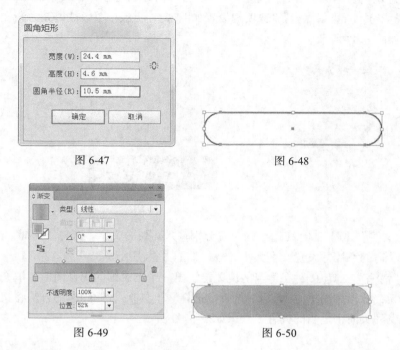

图 6-47　　　　　　　　　　　　　　　图 6-48

图 6-49　　　　　　　　　　　　　图 6-50

（12）选择"选择"工具，按 Ctrl+C 组合键，复制图形，按 Ctrl+F 组合键，将复制的图形粘贴在前面。向左拖曳右边中间的控制手柄到适当的位置，并调整其大小，填充图形为黑色，效果如图 6-51 所示。

（13）选择"文字"工具，在适当的位置输入需要的文字，选择"选择"工具，在属性栏中选择合适的字体并设置文字大小，填充文字为白色，效果如图 6-52 所示。

图 6-51　　　　　　　　　　　　　　图 6-52

（14）按 Ctrl+T 组合键，弹出"字符"控制面板，将"垂直缩放"选项设置为 75%，其他选项的设置如图 6-53 所示，按 Enter 键，效果如图 6-54 所示。按 Shift+Ctrl+O 组合键，将文字转化为轮廓，效果如图 6-55 所示。

图 6-53　　　　　　　　　　图 6-54　　　　　　　　　　图 6-55

（15）双击"渐变"工具 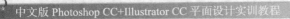，弹出"渐变"控制面板，在色带上设置3个渐变滑块，分别将渐变滑块的位置设为0、52、100，并设置C、M、Y、K的值分别为0（13、0、0、35）、52（19、0、0、51）、100（13、0、0、35），其他选项的设置如图6-56所示，图形被填充为渐变色，并设置描边色为无，效果如图6-57所示。

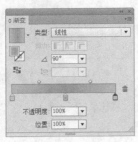

图 6-56   图 6-57

（16）选择"文字"工具 T，在适当的位置分别输入需要的文字，选择"选择"工具，在属性栏中分别选择合适的字体并设置文字大小，效果如图6-58所示。

（17）选择"钢笔"工具，在适当的位置绘制出一个不规则的闭合图形，填充图形为黑色，并设置描边色为无，效果如图 6-59 所示。选择"选择"工具，用圈选的方法将文字和图形同时选取，并将其拖曳到页面中适当的位置，效果如图 6-60 所示。

图 6-58   图 6-59   图 6-60

（18）选择"圆角矩形"工具，在页面外单击鼠标左键，弹出"圆角矩形"对话框，选项的设置如图6-61所示，单击"确定"按钮，得到一个圆角矩形。设置描边色为深黑色（其C、M、Y、K的值分别为80、77、70、50），填充描边，在属性栏中将"描边粗细"选项设置为2pt，按Enter键，效果如图6-62所示。设置图形填充颜色为灰色（其C、M、Y、K的值分别为22、15、20、0），填充图形，效果如图6-63所示。

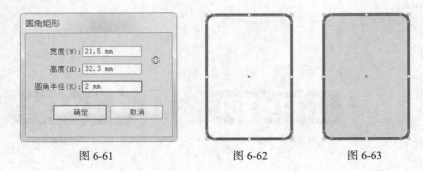

图 6-61   图 6-62   图 6-63

（19）选择"圆角矩形"工具 ▣ ，在页面中单击鼠标左键，弹出"圆角矩形"对话框，选项的设置如图 6-64 所示，单击"确定"按钮，得到一个圆角矩形。选择"选择"工具 ，拖曳圆角矩形到适当的位置，设置图形填充颜色为深黑色（其 C、M、Y、K 的值分别为 80、77、70、50），填充图形，并设置描边色为无，效果如图 6-65 所示。

图 6-64　　　　　　　　　　图 6-65

（20）选择"添加锚点"工具 ，在适当的位置分别单击鼠标左键，添加 3 个锚点，如图 6-66 所示。选择"直接选择"工具 ，向右拖曳需要的锚点到适当的位置，效果如图 6-67 所示。

图 6-66　　　　　　　　　　图 6-67

（21）选择"文字"工具 T ，在适当的位置输入需要的文字，选择"选择"工具 ，在属性栏中选择合适的字体并设置文字大小，设置文字填充颜色为灰色（其 C、M、Y、K 的值分别为 22、15、20、0），填充文字，效果如图 6-68 所示。选择"字符"控制面板，将"垂直缩放" 选项设置为 118%，其他选项的设置如图 6-69 所示，按 Enter 键，效果如图 6-70 所示。

图 6-68　　　　　　　图 6-69　　　　　　　图 6-70

（22）选择"文字"工具 T ，在适当的位置分别输入需要的文字，选择"选择"工具 ，在属性栏中选择合适的字体并设置文字大小，效果如图 6-71 所示。将输入的文字同时选取，设置文字填充颜色为深黑色（其 C、M、Y、K 的值分别为 80、77、70、50），填充文字，效果如图 6-72 所示。

图 6-71   图 6-72

（23）选择"直线段"工具 ⁄ ，按住 Shift 键的同时，在适当的位置绘制出一条直线，设置描边色为深黑色（其 C、M、Y、K 的值分别为 80、77、70、50），填充直线描边，在属性栏中将"描边粗细"选项设为 1 pt，按 Enter 键，效果如图 6-73 所示。

（24）选择"选择"工具 ▸ ，按住 Alt+Shift 键的同时，水平向右拖曳直线到适当的位置，复制直线，效果如图 6-74 所示。用圈选的方法将文字和图形同时选取，并将其拖曳到页面中适当的位置，效果如图 6-75 所示。

图 6-73   图 6-74   图 6-75

6.1.3   制作唱片封底和侧面

（1）选择"矩形网格"工具 ▦ ，在页面中单击鼠标左键，弹出"矩形网格工具选项"对话框，选项的设置如图 6-76 所示，单击"确定"按钮，得到一个网格图形。选择"选择"工具 ▸ ，拖曳网格图形到适当的位置，效果如图 6-77 所示。按 Ctrl+Shift+G 组合键，取消对网格图形的编组。

图 6-76   图 6-77

（2）选择"选择"工具，选择需要的直线，按住 Shift 键的同时，垂直向下拖曳到适当的位置，效果如图 6-78 所示。选择需要的竖线，按住 Shift 键的同时，水平向右拖曳到适当的位置，效果如图 6-79 所示。

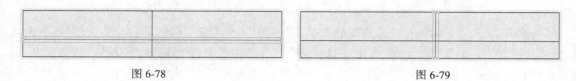

图 6-78　　　　　　　　　　　　　　　　　　　图 6-79

（3）保持竖线选取状态。按 Ctrl+C 组合键，复制竖线，按 Ctrl+F 组合键，将复制的竖线粘贴在前面。向上拖曳下边中间的控制手柄到适当的位置，并调整其大小，效果如图 6-80 所示。选取下方的竖线，水平向右拖曳到适当的位置，并调整其大小，效果如图 6-81 所示。

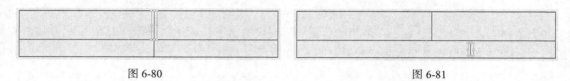

图 6-80　　　　　　　　　　　　　　　　　　　图 6-81

（4）按 Ctrl+O 组合键，打开光盘中的"Ch06 > 素材 > CD 唱片封面设计 > 03"文件，按 Ctrl+A 组合键，全选图形。按 Ctrl+C 组合键，复制图形。选择正在编辑的页面，按 Ctrl+V 组合键，将其粘贴到页面中，选择"选择"工具，拖曳复制的图形到适当的位置并调整其大小，取消其选取状态，效果如图 6-82 所示。

（5）选择"文件 > 置入"命令，弹出"置入"对话框，选择光盘中的"Ch06 > 素材 > CD 唱片封面设计 > 04"文件，单击"置入"按钮，将图片置入页面中，单击属性栏中的"嵌入"按钮，嵌入图片。选择"选择"工具，拖曳图片到适当的位置并调整其大小，效果如图 6-83 所示。

图 6-82　　　　　　　　　　　　　　　　　　　图 6-83

（6）选择"文字"工具，在适当的位置分别输入需要的文字，选择"选择"工具，在属性栏中选择合适的字体并设置文字大小，效果如图 6-84 所示。选取需要的文字，按 Alt+ →组合键，调整文字间距，并填充文字为白色，效果如图 6-85 所示。

图 6-84　　　　　　　　　　　　　　　　　　　图 6-85

（7）选择"矩形"工具，在适当的位置拖曳鼠标绘制出一个矩形，设置图形填充颜色为土黄色（其 C、M、Y、K 的值分别为 0、23、100、40），填充图形，并设置描边色为无，效果如图 6-86 所示。连续按 Ctrl+ [组合键，将矩形向后移动到适当的位置，效果如图 6-87 所示。

图 6-86

图 6-87

（8）选择"选择"工具，选取需要的文字，按 Alt+ →组合键，调整文字间距，效果如图 6-88 所示。选择"文字"工具，选取文字"车驰乐动"，在属性栏中选择合适的字体并设置文字大小，效果如图 6-89 所示。

图 6-88

图 6-89

（9）选择"文字"工具，在适当的位置输入需要的文字，选择"选择"工具，在属性栏中选择合适的字体并设置文字大小，效果如图 6-90 所示。

图 6-90

（10）选择"文字"工具，在页面外适当的位置按住鼠标左键不放，拖曳出一个文本框，在属性栏中选择合适的字体并设置文字大小，如图 6-91 所示。选择"窗口 > 文字 > 制表符"命令，弹出"制表符"面板，单击"右对齐制表符"按钮，在面板中将"X"选项的数值设置为 37.5mm，其他选项的设置如图 6-92 所示。

图 6-91

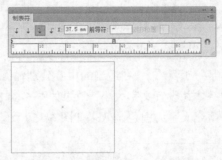

图 6-92

（11）将光标置于段落文本框中，输入文字"01 一起嗨"，如图 6-93 所示。按 Tab 键，光标跳到下一个制表位处，输入文字"3:58"，效果如图 6-94 所示。

（12）按 Enter 键，将光标换到下一行，输入需要的文字，如图 6-95 所示。使用相同的方法依次输入其他需要的文字，效果如图 6-96 所示。

图 6-93　　　　　　　　　　　　　图 6-94

图 6-95　　　　　　　　　　　　　图 6-96

（13）选择"选择"工具 ，拖曳文字到页面中适当的位置，效果如图 6-97 所示。在"字符"控制面板中将"设置行距"选项 设为 7.5pt，如图 6-98 所示，按 Enter 键，效果如图 6-99 所示。

图 6-97　　　　　　　　　　图 6-98　　　　　　　　　　图 6-99

（14）使用相同的方法制作其他文字效果，如图 6-100 所示。选择"直线段"工具 ，按住 Shift 键的同时，在适当的位置绘制出一条竖线，如图 6-101 所示。

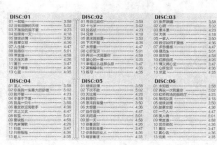

图 6-100　　　　　　　　　　　　　图 6-101

（15）选择"窗口 > 描边"命令，弹出"描边"控制面板，勾选"虚线"复选框，其他选项的设置如图 6-102 所示，效果如图 6-103 所示。选择"选择"工具 ，按住 Alt+Shift 组合键的同时，水平向右拖曳虚线到适当的位置复制图形，效果如图 6-104 所示。

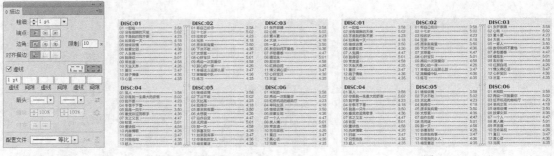

| 图 6-102 | 图 6-103 | 图 6-104 |

（16）按 Ctrl+O 组合键，打开光盘中的"Ch06 > 素材 > CD 唱片封面设计 > 05"文件，按 Ctrl+A 组合键，全选图形。按 Ctrl+C 组合键，复制图形。选择正在编辑的页面，按 Ctrl+V 组合键，将其粘贴到页面中，选择"选择"工具 ，拖曳复制的图形到适当的位置并调整其大小，取消选取状态，效果如图 6-105 所示。

（17）选择"选择"工具 ，选取封面中需要的图形，如图 6-106 所示。按住 Alt 键的同时，用鼠标向右拖曳图形到右侧适当的位置复制图形，并调整其大小，效果如图 6-107 所示。使用相同的方法分别复制封面中其余需要的文字和图形，并分别调整其位置和大小，效果如图 6-108 所示。

| 图 6-105 | 图 6-106 |

| 图 6-107 | 图 6-108 |

（18）选择"直排文字"工具 ，在右侧输入需要的文字，选择"选择"工具 ，在属性栏中

选择合适的字体并设置文字大小，效果如图 6-109 所示。

（19）选择"选择"工具，按住 Shift 键的同时，选取需要的图形和文字，设置图形填充颜色为土黄色（其 C、M、Y、K 的值分别为 0、23、100、40），填充图形和文字，效果如图 6-110 所示。

图 6-109　　　　　　　　　图 6-110

（20）选择"选择"工具，按住 Shift 键的同时，选取封底中需要的图形，如图 6-111 所示。按住 Alt 键的同时，用鼠标向左拖曳图形到封底上复制图片，分别调整其位置和大小，效果如图 6-112 所示。

（21）至此，CD 唱片封面制作完成。按 Ctrl+S 组合键，弹出"存储为"对话框，将其命名为"CD 唱片封面"，保存为 AI 格式，单击"保存"按钮，将文件保存。

图 6-111　　　　　　　　　图 6-112

6.2　专辑 CD 唱片封面设计

【案例学习目标】在 Photoshop 中，学习使用新建参考线命令添加参考线；使用调色命令、图层面板和画笔工具制作唱片封面底图。在 Illustrator 中，学习使用置入命令、绘图工具、填充工具和文字工具添加标题及相关信息。

【案例知识要点】在 Photoshop 中，使用自然饱和度调整层调整背景效果图；使用图层蒙版和画笔工具抠出人物制作融合效果；使用照片滤镜和曲线调整层调整整个背景效果图。在 Illustrator 中，使用置入命令置入素材图片；使用钢笔工具、画笔面板、复制命令和透明度面板制作背景装饰画笔图；使用文字工具和椭圆工具添加标题及相关信息；使用矩形网格工具和取消群组命令制作表格；使用文字工具、制表符命令和字符面板添加歌曲文字。专辑 CD 唱片封面设计效果如图 6-113 所示。

【效果所在位置】光盘/Ch06/效果/专辑 CD 唱片封面设计/专辑 CD 唱片封面.ai。

图 6-113

Photoshop 应用

6.2.1　制作唱片封面底图

（1）按 Ctrl + N 组合键，新建一个文件，宽度为 30.45cm，高度为 13.2cm，分辨率为 300 像素/英寸，颜色模式为 RGB，背景内容为白色。按 Alt+Delete 组合键，用前景色填充背景图层。选择"视图 > 新建参考线"命令，在弹出的对话框中进行设置，如图 6-114 所示，单击"确定"按钮，效果如图 6-115 所示。使用相同的方法在 15.55cm 处新建参考线，如图 6-116 所示。

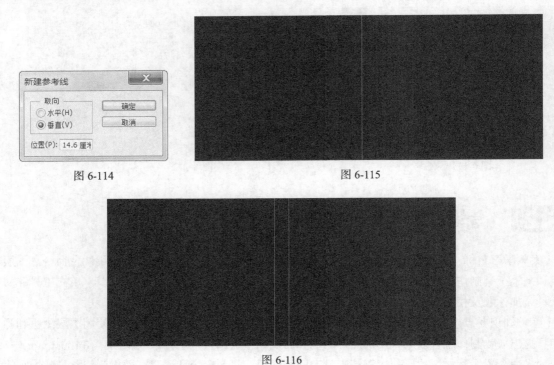

图 6-114

图 6-115

图 6-116

（2）按 Ctrl + O 组合键，打开光盘中的"Ch06 > 素材 > 专辑 CD 唱片封面设计 > 01"文件，选择"移动"工具，将图片拖曳到图像窗口中适当的位置，并调整其大小，效果如图 6-117 所示，在"图层"控制面板中生成新图层并将其命名为"图片"。

图 6-117

（3）单击"图层"控制面板下方的"创建新的填充或调整图层"按钮 ◎.，在弹出的菜单中选择"自然饱和度"命令。在"图层"控制面板中生成"自然饱和度 1"图层，同时在弹出的"自然饱和度"面板中进行设置，如图 6-118 所示，图像效果如图 6-119 所示。

（4）按 Ctrl + O 组合键，打开光盘中的"Ch06 > 素材 > 专辑 CD 唱片封面设计 > 02"文件。选择"移动"工具 ►✦，将图片拖曳到图像窗口中适当的位置，并调整其大小，效果如图 6-120 所示，在"图层"控制面板中生成新图层并将其命名为"人物"。单击控制面板下方的"添加图层蒙版"按钮 ◻，为该图层添加图层蒙版，如图 6-121 所示。

图 6-118

图 6-120

图 6-121

（5）将前景色设为黑色。选择"画笔"工具 ✐，在属性栏中单击"画笔"选项右侧的按钮 ·，在弹出的面板中选择需要的画笔形状，将"大小"选项设为 175 像素，如图 6-122 所示。在图像窗口中拖曳鼠标擦除不需要的图像，效果如图 6-123 所示。

135

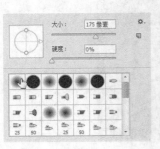

图 6-122

图 6-123

（6）单击"图层"控制面板下方的"创建新的填充或调整图层"按钮 ，在弹出的菜单中选择"照片滤镜"命令，在"图层"控制面板中生成"照片滤镜 1"图层，同时在弹出的"照片滤镜"面板中进行设置，如图 6-124 所示，图像效果如图 6-125 所示。

（7）单击"图层"控制面板下方的"创建新的填充或调整图层"按钮 ，在弹出的菜单中选择"曲线"命令，在"图层"控制面板中生成"曲线 1"图层，同时弹出"曲线"面板，在曲线上单击鼠标添加控制点，将"输入"选项设为 60，"输出"选项设为 44，如图 6-126 所示，图像效果如图 6-127 所示。

图 6-124

图 6-125

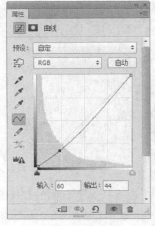

图 6-126

图 6-127

（8）至此，专辑 CD 唱片封面底图制作完成。按 Ctrl+；组合键，隐藏参考线。按 Shift+Ctrl+E 组合键，合并可见图层。按 Ctrl+S 组合键，弹出"存储为"对话框，将其命名为"专辑 CD 唱片封面底图"，保存为 JPEG 格式，单击"保存"按钮，弹出"JPEG 选项"对话框，单击"确定"按钮，将图像保存。

Illustrator 应用

6.2.2　制作唱片封面

（1）打开 Illustrator 软件，按 Ctrl+N 组合键，新建一个文档，设置文档的宽度为 298.5mm，高度为 126mm，取向为横向，颜色模式为 CMYK，出血为 3mm，单击"确定"按钮。

（2）按 Ctrl+R 组合键，显示标尺。选择"选择"工具，在页面中拖曳一条垂直参考线。选择"窗口 > 变换"命令，弹出"变换"面板，将"X"轴选项设为 143mm，如图 6-128 所示，按 Enter 键确认操作，效果如图 6-129 所示。保持参考线的选取状态，在"变换"面板中将"X"轴选项设为 155.5mm，按 Alt+Enter 组合键确认操作，效果如图 6-130 所示。

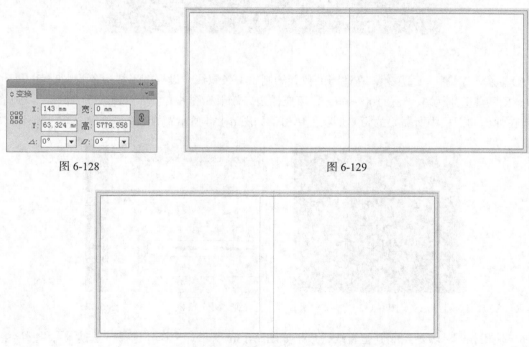

图 6-128

图 6-129

图 6-130

（3）选择"文件 > 置入"命令，弹出"置入"对话框，选择光盘中的"Ch06 > 效果 > 专辑 CD 唱片封面设计 > 专辑 CD 唱片封面底图"文件，单击"置入"按钮，将图片置入页面中，单击属性栏中的"嵌入"按钮，嵌入图片，效果如图 6-131 所示。

（4）选择"选择"工具，拖曳图片到适当的位置，效果如图 6-132 所示。用圈选的方法将图片和参考线同时选取，按 Ctrl+2 组合键，锁定所选对象。

图 6-131

图 6-132

（5）选择"钢笔"工具 ，在适当的位置绘制出一条斜线，设置图形描边色为咖啡色（其 C、M、Y、K 的值分别为 0、58、100、60），填充描边，效果如图 6-133 所示。选择"窗口 > 画笔"命令，在弹出的面板中所需要的画笔形状上单击，如图 6-134 所示，直线效果如图 6-135 所示。

图 6-133 　　　　　　　　　　图 6-134 　　　　　图 6-135

（6）使用相同的方法绘制其他直线，效果如图 6-136 所示。选择"选择"工具 ，按住 Shift 键的同时，将绘制的直线同时选取。选择"窗口 > 透明度"命令，在弹出的面板中将"不透明度"选项设为 70%，如图 6-137 所示，图形效果如图 6-138 所示。

（7）选择"文字"工具 ，在适当的位置分别输入需要的文字，选择"选择"工具 ，在属性栏中分别选择合适的字体并设置文字大小，填充文字为白色，效果如图 6-139 所示。选择"椭圆"工具 ，按住 Shift 键的同时，在适当的位置绘制出圆形，填充为白色，并设置描边色为无，效果如图 6-140 所示。选择"选择"工具 ，按住 Alt 键的同时，将圆形拖曳到适当的位置复制圆形，效果如图 6-141 所示。

图 6-136   图 6-137   图 6-138

图 6-139   图 6-140   图 6-141

（8）选择"圆角矩形"工具，在适当的位置单击鼠标，在弹出的对话框中进行设置，如图 6-142 所示，单击"确定"按钮，效果如图 6-143 所示。

（9）双击"渐变"工具，弹出"渐变"控制面板，在色带上设置 3 个渐变滑块，分别将渐变滑块的位置设为 0、52、100，并设置 C、M、Y、K 的值分别为 0（0、0、0、0）、52（0、0、0、30）、100（0、0、0、0），其他选项的设置如图 6-144 所示，图形被填充为渐变色，并设置描边色为无，效果如图 6-145 所示。

（10）选择"选择"工具，选取圆角矩形。按 Ctrl+C 组合键，复制图形，按 Ctrl+F 组合键，原位粘贴图形。向左拖曳右侧中间的控制手柄到适当的位置，并调整其大小，效果如图 6-146 所示。设置图形填充颜色为橙黄色（其 C、M、Y、K 的值分别为 0、40、100、18），填充图形，效果如图 6-147 所示。

图 6-142   图 6-143   图 6-144

图 6-145

图 6-146

图 6-147

（11）选择"文字"工具 T ，在适当的位置输入需要的文字，选择"选择"工具 ，在属性栏中选择合适的字体并设置文字大小，效果如图 6-148 所示。按 Ctrl+T 组合键，弹出"字符"控制面板，将"垂直缩放" 选项设置为 72%，其他选项的设置如图 6-149 所示，按 Enter 键确认操作，效果如图 6-150 所示。

（12）按 Shift+Ctrl+O 组合键，将文字转化为轮廓图形，效果如图 6-151 所示。双击"渐变"工具 ，弹出"渐变"控制面板，在色带上设置 3 个渐变滑块，分别将渐变滑块的位置设为 0、52、100，并设置 C、M、Y、K 的值分别为 0（0、0、0、0）、52（0、0、0、30）、100（0、0、0、0），其他选项的设置如图 6-152 所示，图形被填充为渐变色，效果如图 6-153 所示。

图 6-148

图 6-149

图 6-150

图 6-151

图 6-152

图 6-153

（13）选择"文字"工具 T ，在适当的位置分别输入需要的文字，选择"选择"工具 ，在属性栏中选择合适的字体并设置文字大小，选取需要的文字，填充为白色，效果如图 6-154 所示。在"字符"面板中进行设置，如图 6-155 所示，按 Enter 键确认操作，效果如图 6-156 所示。

（14）选择"钢笔"工具 ，在适当的位置绘制图形。双击"渐变"工具 ，弹出"渐变"控制面板，在色带上设置 3 个渐变滑块，分别将渐变滑块的位置设为 0、52、100，并设置 C、M、Y、K 的值分别为 0（0、0、0、0）、52（0、0、0、30）、100（0、0、0、0），其他选项的设置如图 6-157 所示，图形被填充为渐变色，并设置描边色为无，效果如图 6-158 所示。

图 6-154

图 6-155

图 6-156

图 6-157

图 6-158

（15）选择"圆角矩形"工具 ，在适当的位置单击鼠标，在弹出的对话框中进行设置，如图 6-159 所示，单击"确定"按钮。设置描边色为橘色（其 C、M、Y、K 的值分别为 0、58、100、15），填充描边色，效果如图 6-160 所示。选择"矩形"工具 ，在适当的位置拖曳鼠标绘制出矩形，设置图形填充颜色为橘色（其 C、M、Y、K 的值分别为 0、58、100、15），填充图形，并设置描边色为无，效果如图 6-161 所示。

图 6-159

图 6-160

图 6-161

（16）选择"选择"工具 ，选取下方的圆角矩形，按 Ctrl+C 组合键，复制图形。按 Ctrl+F 组合键，原位粘贴图形。按 Ctrl+] 组合键，将复制的圆角矩形置于顶层，效果如图 6-162 所示。将复制的图形和矩形同时选取，按 Ctrl+7 组合键，创建剪切蒙版，效果如图 6-163 所示。

图 6-162

图 6-163

（17）按 Ctrl+O 组合键，打开光盘中的"Ch06＞ 素材 ＞ 专辑 CD 唱片封面设计 ＞03"文件，按 Ctrl+A 组合键，全选图形。按 Ctrl+C 组合键，复制图形。选择正在编辑的页面，按 Ctrl+V 组合键，将其粘贴到页面中，选择"选择"工具，拖曳复制的图形到适当的位置，效果如图 6-164 所示。填充图形为白色，效果如图 6-165 所示。

图 6-164

图 6-165

（18）选择"直线段"工具，按住 Shift 键的同时，在适当的位置绘制出直线，填充描边为白色，效果如图 6-166 所示。选择"文字"工具，在适当的位置分别输入需要的文字，选择"选择"工具，在属性栏中选择合适的字体并设置文字大小，选取需要的文字，并将其填充为白色，效果如图 6-167 所示。

图 6-166

图 6-167

（19）按住 Shift 键的同时，将需要的两个文字同时选取，在"字符"控制面板中进行设置，如图 6-168 所示，按 Enter 键确认操作，效果如图 6-169 所示。

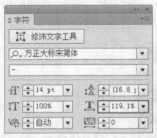

图 6-168

图 6-169

6.2.3 制作唱片封底和侧面

（1）选择"文字"工具，在适当的位置拖曳文本框并输入需要的文字，如图 6-170 所示。选择"选择"工具，选取文本框，在属性栏中选择合适的字体并设置文字大小。在"字符"面板中进行设置，如图 6-171 所示，按 Enter 键确认操作，效果如图 6-172 所示。

（2）保持文本框的选取状态。选择"窗口 ＞ 文字 ＞ 制表符"命令，弹出"制表符"面板，如图 6-173 所示。单击"右对齐制表符"按钮，在面板中将"X"选项的数值设置为 48.92mm，其他选项的设置如图 6-174 所示，按 Enter 键确认操作。

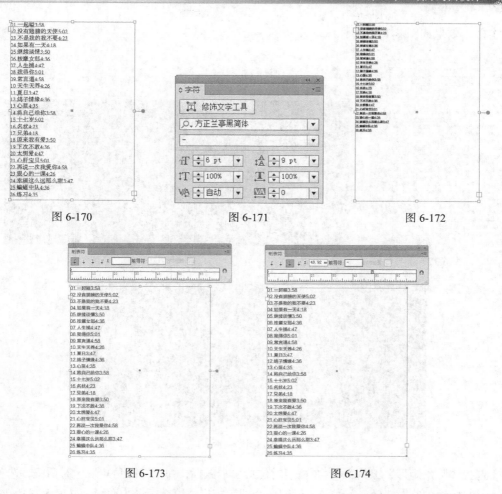

图 6-170　　　　　　　　　　　　图 6-171　　　　　　　　　　　　图 6-172

图 6-173　　　　　　　　　　　　　　　　　　图 6-174

（3）将光标置于段落文本框中的"01 一起嗨"后面，按 Tab 键添加制表符，如图 6-175 所示。使用相同的方法在其他位置添加制表符，效果如图 6-176 所示。

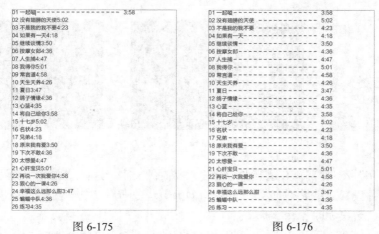

图 6-175　　　　　　　　　　　　　　　　　图 6-176

（4）选择"选择"工具 ，选取文本框，分别拖曳控制手柄调整其大小，效果如图 6-177 所示。将文本框拖曳到适当的位置，并填充为白色，效果如图 6-178 所示。使用相同的方法制作右侧的文本框，效果如图 6-179 所示。

图 6-177

图 6-178

图 6-179

（5）选择"圆角矩形"工具 ⬜，在适当的位置单击鼠标，弹出"圆角矩形"对话框，选项的设置如图 6-180 所示，单击"确定"按钮，得到一个圆角矩形。填充图形为白色，并设置描边色为无，效果如图 6-181 所示。选择"直线段"工具 ✏，在适当的位置绘制出直线，填充描边为白色，效果如图 6-182 所示。

图 6-180

图 6-181

图 6-182

（6）选择"文字"工具 T，在适当的位置输入需要的文字，选择"选择"工具 ▶，在属性栏中选择合适的字体并设置文字大小，效果如图 6-183 所示。选择"旋转"工具 ↻，拖曳鼠标将文字旋转到适当的角度，效果如图 6-184 所示。

（7）选择"选择"工具 ▶，用圈选的方法将需要的图形和文字同时选取，按住 Alt 键的同时，将其拖曳到适当的位置复制图形，效果如图 6-185 所示。选择"文字"工具 T，选取并修改需要的文字，效果如图 6-186 所示。

（8）选择"矩形网格"工具▦，在页面中单击鼠标左键，弹出"矩形网格工具选项"对话框，选项的设置如图 6-187 所示，单击"确定"按钮，得到一个网格图形。选择"选择"工具▶，拖曳网格图形到适当的位置，效果如图 6-188 所示。按 Ctrl+Shift+G 组合键，取消对网格图形的编组。

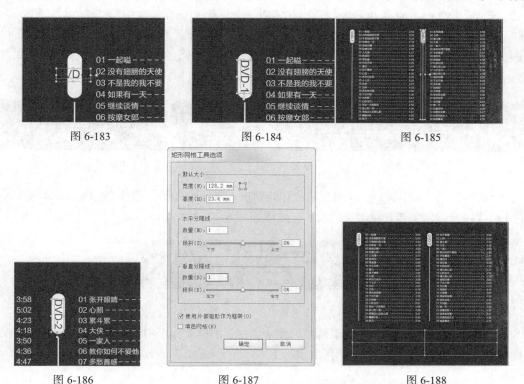

图 6-183　　　　　　　图 6-184　　　　　　　　图 6-185

图 6-186　　　　　　　图 6-187　　　　　　　　图 6-188

（9）选择"选择"工具▶，选择需要的直线，按住 Shift 键的同时，垂直向下拖曳直线到适当的位置，效果如图 6-189 所示。选择需要的竖线，按住 Shift 键的同时，水平向右拖曳竖线到适当的位置，效果如图 6-190 所示。

图 6-189　　　　　　　　　　　　　　　图 6-190

（10）保持竖线选取状态。按 Ctrl+C 组合键，复制竖线，按 Ctrl+F 组合键，将复制的竖线粘贴在前面。向上拖曳下边中间的控制手柄到适当的位置，并调整其大小，效果如图 6-191 所示。选取下方的竖线，水平向右拖曳到适当的位置，并调整其大小，效果如图 6-192 所示。

图 6-191　　　　　　　　　　　　　　　图 6-192

（11）按 Ctrl+O 组合键，打开光盘中的"Ch06> 素材 > 专辑 CD 唱片封面设计 >04"文件，按 Ctrl+A 组合键，全选图形。按 Ctrl+C 组合键，复制图形。选择正在编辑的页面，按 Ctrl+V 组合键，将其粘贴到页面中，选择"选择"工具，拖曳复制的图形到适当的位置并调整其大小，效果如图 6-193 所示。

（12）选择"文件 > 置入"命令，弹出"置入"对话框，选择光盘中的"Ch06 > 素材 > 专辑 CD 唱片封面设计 > 05"文件，单击"置入"按钮，将图片置入页面中，单击属性栏中的"嵌入"按钮，嵌入图片。选择"选择"工具，拖曳图片到适当的位置并调整其大小，效果如图 6-194 所示。

图 6-193   图 6-194

（13）选择"文字"工具，在适当的位置分别输入需要的文字，选择"选择"工具，在属性栏中分别选择合适的字体并设置文字大小，效果如图 6-195 所示。

图 6-195

（14）选择"文字"工具，选取需要的文字，在"字符"面板中的设置如图 6-196 所示，按 Enter 键确认操作，效果如图 6-197 所示。

图 6-196   图 6-197

（15）选择"文字"工具，在适当的位置插入光标，在"字符"面板中的设置如图 6-198 所示，按 Enter 键确认操作，效果如图 6-199 所示。

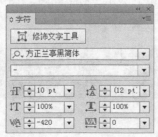

图 6-198   图 6-199

（16）选择"选择"工具 ，按住 Shift 键的同时，将需要的文字同时选取。在"字符"面板中的设置如图 6-200 所示，按 Enter 键确认操作，效果如图 6-201 所示。

图 6-200

图 6-201

（17）选取需要的文字，设置文字填充颜色为橘色（其 C、M、Y、K 的值分别为 0、48、100、15），填充文字，效果如图 6-202 所示。选择"矩形"工具 ，在适当的位置拖曳鼠标绘制出矩形，设置图形填充颜色为橘色（其 C、M、Y、K 的值分别为 0、48、100、15），填充图形，并设置描边色为无，效果如图 6-203 所示。

图 6-202

图 6-203

（18）保持矩形的选取状态，连续按 Ctrl+ [组合键，将其向后移动到适当的位置，效果如图 6-204 所示。按 Ctrl+O 组合键，打开光盘中的"Ch06 > 素材 > 专辑 CD 唱片封面设计 > 06"文件，按 Ctrl+A 组合键，全选图形。按 Ctrl+C 组合键，复制图形，选择正在编辑的页面，按 Ctrl+V 组合键，将其粘贴到页面中。选择"选择"工具 ，拖曳复制的图形到适当的位置并调整其大小，如图 6-205 所示，填充图形为白色，效果如图 6-206 所示。

图 6-204

图 6-205

图 6-206

（19）选择"直排文字"工具 和"文字"工具 ，在适当的位置分别输入需要的文字，选择"选择"工具 ，在属性栏中分别选择合适的字体并设置文字大小，填充文字为白色，效果如图 6-207 所示。选择"旋转"工具 ，拖曳鼠标将其旋转到适当的角度，效果如图 6-208 所示。

（20）选择"椭圆"工具 ，按住 Shift 键的同时，在适当的位置绘制出圆形，填充图形为白色，并设置描边色为无，效果如图 6-209 所示。选择"选择"工具 ，按住 Alt 键的同时，将圆形拖曳到适当的位置复制圆形，效果如图 6-210 所示。

（21）选择"选择"工具 ，选取需要的图形，按住 Alt 键的同时，将其拖曳到适当的位置复制图形，并调整其大小，效果如图 6-211 所示。至此，专辑唱片封面制作完成，效果如图 6-212 所示。

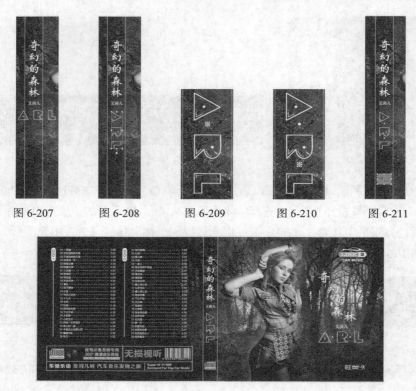

图 6-207　　　图 6-208　　　图 6-209　　　图 6-210　　　图 6-211

图 6-212

6.3　课后习题——音乐唱片封面设计

【习题知识要点】在 Photoshop 中，使用添加图层蒙版命令和不透明度命令制作 CD 底图。在 Illustrator 中，使用文字工具和矩形工具添加标题名称；使用矩形工具和圆角矩形工具添加装饰图形；使用文字工具和椭圆工具添加其他内容文字和出版信息。音乐唱片封面设计效果如图 6-213 所示。

【效果所在位置】光盘/Ch06/效果/音乐唱片封面设计/音乐唱片封面.ai。

图 6-213

第7章
宣传单设计

宣传单是直销广告的一种，对宣传活动和促销商品有着重要的作用。宣传单通过派送和邮递等形式，可以有效地将信息传送给目标受众。众多的企业和商家都希望通过宣传单来宣传自己的产品，传播自己的企业文化。本章以咖啡宣传单和家具宣传单设计为例，讲解宣传单的设计方法和制作技巧。

课堂学习目标

- 在 Photoshop 软件中制作宣传单底图
- 在 Illustrator 软件中添加底图、标题文字及相关信息

7.1 咖啡宣传单设计

【案例学习目标】在 Photoshop 中，学习使用移动工具、图层面板和渐变工具制作宣传单底图。在 Illustrator 中，学习使用绘图工具、文字工具、填充命令添加宣传语和其他相关信息。

【案例知识要点】在 Photoshop 中，使用图层混合模式和不透明度选项制作图片融洽效果；使用图层蒙版按钮和渐变工具制作图片渐隐效果。在 Illustrator 中，使用矩形工具、钢笔工具、直接选择工具和文字工具添加宣传语和其他相关信息；使用椭圆工具、钢笔工具和文字工具制作标志和标准字。咖啡宣传单效果如图 7-1 所示。

【效果所在位置】光盘/Ch07/效果/咖啡宣传单设计/咖啡宣传单.ai。

图 7-1

Photoshop 应用

7.1.1 制作背景底图

（1）按 Ctrl + N 组合键，新建一个文件，宽度为 21.6cm，高度为 30.3cm，分辨率为 300 像素/英寸，颜色模式为 RGB，背景内容为白色。将前景色设为草绿色（其 R、G、B 的值分别为 249、242、225），按 Alt+Delete 组合键，用前景色填充背景图层，效果如图 7-2 所示。

（2）按 Ctrl + O 组合键，打开光盘中的"Ch07 > 素材 > 咖啡宣传单设计 > 01"文件，选择"移动"工具 ，将图片拖曳到图像窗口中适当的位置并调整其大小，如图 7-3 所示。在"图层"控制面板中生成新的图层并将其命名为"图片 1"。

（3）在"图层"控制面板上方，将"图片 1"图层的混合模式选项设为"颜色加深"，"不透明度"选项设为 60%，如图 7-4 所示，图像效果如图 7-5 所示。

图 7-2   图 7-3

图 7-4

图 7-5

（4）新建图层并将其命名为"渐变图形"。选择"渐变"工具 ，单击属性栏中的"点按可编辑渐变"按钮 ，弹出"渐变编辑器"对话框，将渐变颜色设为从草绿色（其 R、G、B 的值分别为 184、213、90）到透明色，如图 7-6 所示，单击"确定"按钮。按住 Shift 键的同时，在图像窗口中从下往上拖曳渐变色，效果如图 7-7 所示。

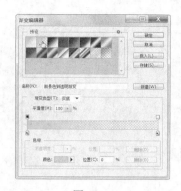

图 7-6　　　　　　　　　　　　　　　　图 7-7

（5）按 Ctrl + O 组合键，打开光盘中的"Ch07 > 素材 > 咖啡宣传单设计 > 02"文件，选择"移动"工具 ，将图片拖曳到图像窗口中适当的位置并调整其大小，效果如图 7-8 所示。在"图层"控制面板中生成新的图层并将其命名为"图片 2"。

（6）单击"图层"控制面板下方的"添加图层蒙版"按钮 ，为"图片 2"图层添加图层蒙版，如图 7-9 所示。选择"渐变"工具 ，单击属性栏中的"点按可编辑渐变"按钮 ，弹出"渐变编辑器"对话框，将渐变色设为黑色到白色，在图像窗口中拖曳渐变色，松开鼠标左键，效果如图 7-10 所示。

图 7-8　　　　　　　　　　图 7-9　　　　　　　　　　图 7-10

（7）在"图层"控制面板上方，将"图片 2"图层的混合模式选项设为"叠加"，如图 7-11 所示，图像效果如图 7-12 所示。

（8）按 Ctrl + O 组合键，打开光盘中的"Ch07 > 素材 > 咖啡宣传单设计 > 03"文件，选择"移动"工具 ，将图片拖曳到图像窗口中适当的位置并调整其大小，如图 7-13 所示。在"图层"控制面板中生成新的图层并将其命名为"食物"。

（9）至此，咖啡宣传单底图制作完成。按 Ctrl+Shift+E 组合键，合并可见图层。按 Ctrl+Shift+S 组合键，弹出"存储为"对话框，将其命名为"咖啡宣传单底图"，并保存为 TIFF 格式。单击"保存"按钮，弹出"TIFF 选项"对话框，单击"确定"按钮，将图像保存。

图 7-11

图 7-12

图 7-13

Illustrator 应用

7.1.2 导入图片并制作标题文字

（1）打开 Illustrator 软件，按 Ctrl+N 组合键，新建一个文档，设置文档的宽度为 210mm，高度为 297mm，取向为竖向，颜色模式为 CMYK，单击"确定"按钮。

（2）选择"文件 > 置入"命令，弹出"置入"对话框，选择光盘中的"Ch07 > 效果 > 咖啡宣传单设计 > 咖啡宣传单底图"文件，单击"置入"按钮，将图片置入页面中，单击属性栏中的"嵌入"按钮，嵌入图片。选择"选择"工具，拖曳图片到适当的位置，效果如图 7-14 所示。

（3）选择"矩形"工具，在适当的位置绘制出一个矩形，设置图形填充颜色为土黄色（其 C、M、Y、K 的值分别为 0、35、85、0），填充图形，并设置描边色为无，效果如图 7-15 所示。

图 7-14

图 7-15

（4）选择"矩形"工具，在适当的位置再绘制出一个矩形，设置图形填充颜色为橘黄色（其 C、M、Y、K 的值分别为 0、50、100、0），填充图形，并设置描边色为无，效果如图 7-16 所示。

（5）选择"钢笔"工具，在适当的位置单击鼠标左键，添加一个锚点，如图 7-17 所示。分别在矩形右侧上下两个锚点上单击鼠标左键，删除锚点，效果如图 7-18 所示。

（6）选择"文字"工具，在适当的位置输入需要的文字，选择"选择"工具，在属性栏中选择合适的字体并设置文字大小，填充文字为白色，效果如图 7-19 所示。按住 Shift 键的同时，依次单击下方图形将其同时选取，并旋转到适当的角度，效果如图 7-20 所示。

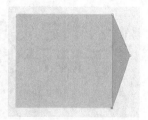

图 7-16　　　　　　　　　图 7-17　　　　　　　　　图 7-18

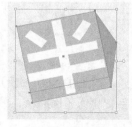

图 7-19　　　　　　　　　　　图 7-20

（7）选择"钢笔"工具，在页面中分别绘制出不规则图形，如图 7-21 所示。选择"选择"工具，按住 Shift 键的同时，将所绘制的图形同时选取，设置图形填充颜色为土黄色（其 C、M、Y、K 的值分别为 0、35、85、0），填充图形，效果如图 7-22 所示。使用上述相同的方法制作其他图形和文字，效果如图 7-23 所示。

图 7-21　　　　　　　　　图 7-22　　　　　　　　　图 7-23

7.1.3　添加宣传语

（1）选择"文字"工具，在页面外分别输入需要的文字，选择"选择"工具，在属性栏中分别选择合适的字体并设置文字大小，效果如图 7-24 所示。选取英文"Waffle Bant"，按 Alt+ ← 组合键，调整文字间距，效果如图 7-25 所示。

（2）保持文字选取状态。设置文字为浅灰色（其 C、M、Y、K 的值分别为 0、0、0、70），填充文字，效果如图 7-26 所示。选取文字"新装开业"，设置文字为橘黄色（其 C、M、Y、K 的值分别为 0、50、100、0），填充文字，效果如图 7-27 所示。

图 7-24　　　　　　　　　　　　　　　图 7-25

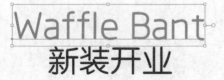

图 7-26　　　　　　　　　　　　　　　图 7-27

（3）选择"选择"工具 ，按住 Shift 键的同时，选取上方的英文文字，如图 7-28 所示。按 Shift+Ctrl+O 组合键，将文字转化为轮廓路径，效果如图 7-29 所示。

图 7-28　　　　　　　　　　　　　　　图 7-29

（4）选择"直接选择"工具 ，用圈选的方法选取需要的锚点，如图 7-30 所示。向上拖曳锚点到适当的位置，效果如图 7-31 所示。

图 7-30 　　　　　　　　　　　　　　　图 7-31

（5）选择"直接选择"工具 ，用圈选的方法选取需要的锚点，如图 7-32 所示。向左拖曳锚点到适当的位置，效果如图 7-33 所示。

图 7-32 　　　　　　　　　　　　　　　图 7-33

（6）选择"选择"工具 ，用圈选的方法将文字和图形同时选取，拖曳到页面中适当的位置并旋转到适当的角度，效果如图 7-34 所示。

（7）选择"文字"工具 T，在适当的位置输入需要的文字，选择"选择"工具，在属性栏中选择合适的字体并设置文字大小，效果如图 7-35 所示。

图 7-34

图 7-35

（8）保持文字选取状态。设置文字为浅灰色（其 C、M、Y、K 的值分别为 0、0、0、70），填充文字，并将其旋转到适当的角度，效果如图 7-36 所示。选择"椭圆"工具，按住 Shift 键的同时，在适当的位置绘制出一个圆形，设置图形填充颜色为咖啡色（其 C、M、Y、K 的值分别为 40、70、100、50），填充图形，并设置描边色为无，效果如图 7-37 所示。

图 7-36

图 7-37

（9）选择"文字"工具 T，在适当的位置输入需要的文字，选择"选择"工具，在属性栏中选择合适的字体并设置文字大小，按 Alt+↓组合键，调整文字行距，效果如图 7-38 所示。拖曳右上方的控制手柄，将其旋转到适当的角度，效果如图 7-39 所示。

图 7-38

图 7-39

7.1.4　添加其他相关信息

（1）选择"矩形"工具，在适当的位置拖曳鼠标绘制出一个矩形，设置图形填充颜色为棕色

（其 C、M、Y、K 的值分别为 50、70、80、70），填充图形，并设置描边色为无，效果如图 7-40 所示。

（2）选择"文字"工具 T，在适当的位置输入需要的文字，选择"选择"工具，在属性栏中选择合适的字体并设置文字大小，填充文字为白色，效果如图 7-41 所示。

图 7-40

图 7-41

（3）选择"文字"工具 T，在适当的位置输入需要的文字，选择"选择"工具，在属性栏中选择合适的字体并设置文字大小，效果如图 7-42 所示。设置文字为棕色（其 C、M、Y、K 的值分别为 50、70、80、70），填充文字，效果如图 7-43 所示。

图 7-42

图 7-43

（4）选择"文字"工具 T，在适当的位置单击插入光标，如图 7-44 所示。选择"文字 > 字形"命令，在弹出的"字形"面板中按需要进行设置并选择需要的字形，如图 7-45 所示，双击鼠标左键插入字形，效果如图 7-46 所示。使用相同的方法在适当的位置再次插入字形，效果如图 7-47 所示。

图 7-44

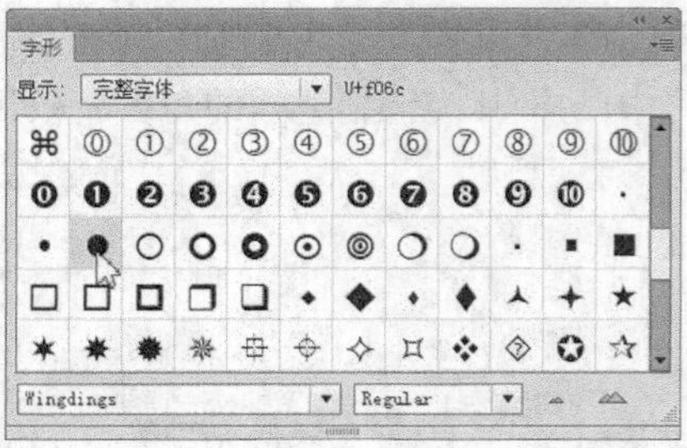

图 7-45

图 7-46

图 7-47

7.1.5　制作标志图形

（1）选择"椭圆"工具 ，按住 Shift 键的同时，在适当的位置绘制出一个圆形，设置描边色为棕色（其 C、M、Y、K 的值分别为 50、70、80、70），填充描边，在属性栏中将"描边粗细"选项设为 2 pt，按 Enter 键，效果如图 7-48 所示。

（2）保持图形选取状态。设置图形填充颜色为黄色（其 C、M、Y、K 的值分别为 0、20、100、0），填充图形，效果如图 7-49 所示。

图 7-48　　　　　　　　　　图 7-49

（3）选择"椭圆"工具，按住 Shift 键的同时，在适当的位置绘制出一个圆形，设置图形填充颜色为棕色（其 C、M、Y、K 的值分别为 50、70、80、70），填充图形，并设置描边色为无，效果如图 7-50 所示。

（4）选择"选择"工具，按住 Alt+Shift 组合键的同时，水平向右拖曳圆形到适当的位置复制图形，效果如图 7-51 所示。连续按 Ctrl+D 组合键，再复制出多个圆形，效果如图 7-52 所示。

图 7-50　　　　　　图 7-51　　　　　　图 7-52

（5）使用相同的方法制作其他圆形，效果如图 7-53 所示。选择"钢笔"工具，在适当的位置绘制出一个不规则的闭合图形，设置图形填充颜色为棕色（其 C、M、Y、K 的值分别为 50、70、80、70），填充图形，并设置描边色为无，如图 7-54 所示。

（6）选择"矩形"工具，在适当的位置拖曳鼠标绘制出一个矩形，设置图形填充颜色为黄色（其 C、M、Y、K 的值分别为 0、20、100、0），填充图形，效果如图 7-55 所示。

（7）选择"文字"工具，在适当的位置分别输入需要的文字，选择"选择"工具，在属性栏中分别选择合适的字体并设置文字大小，效果如图 7-56 所示。至此，咖啡宣传单制作完成，效果如图 7-57 所示。

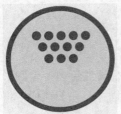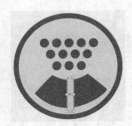

图 7-53   图 7-54   图 7-55

图 7-56   图 7-57

（8）按 Ctrl+S 组合键，弹出"存储为"对话框，将其命名为"咖啡宣传单"，保存为 AI 格式，单击"保存"按钮，将文件保存。

7.2　家具宣传单设计

【案例学习目标】在 Photoshop 中，学习使用图层面板、画笔工具和渐变工具制作宣传单底图。在 Illustrator 中，学习使用绘图工具、文字工具、填充命令添加宣传语和其他相关信息。

【案例知识要点】在 Photoshop 中，使用投影命令为图片添加投影效果；使用矩形选框工具、画笔工具和渐变工具制作高光图形；使用不透明度选项为高光图形添加半透明效果。在 Illustrator 中，使用绘图工具、文字工具、倾斜工具和直接选择工具添加并编辑标题文字；使用圆角矩形工具、矩形工具、镜像工具和文字工具制作标志图形；使用绘图工具和文字工具添加其他相关信息。家具宣传单效果如图 7-58 所示。

图 7-58

【效果所在位置】光盘/Ch07/效果/家具宣传单设计/家具宣传单.ai。

Photoshop 应用

7.2.1　制作背景底图

（1）按 Ctrl + N 组合键，新建一个文件，宽度为 21.6cm，高度为 30.3cm，分辨率为 300 像素/

英寸，颜色模式为 RGB，背景内容为白色。将前景色设为橘黄色（其 R、G、B 的值分别为 237、112、28）。按 Alt+Delete 组合键，用前景色填充背景图层，效果如图 7-59 所示。

（2）按 Ctrl + O 组合键，打开光盘中的"Ch07 > 素材 > 家具宣传单设计 > 01"文件，选择"移动"工具 ，将图片拖曳到图像窗口中适当的位置，效果如图 7-60 所示，在"图层"控制面板中生成新的图层并将其命名为"家具"。

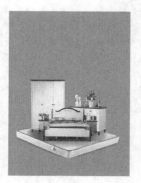

图 7-59	图 7-60

（3）单击"图层"控制面板下方的"添加图层样式"按钮 ，在弹出的菜单中选择"投影"命令，弹出对话框，将阴影颜色设为橘红色（其 R、G、B 的值分别为 210、77、32），其他选项的设置如图 7-61 所示，单击"确定"按钮，效果如图 7-62 所示。

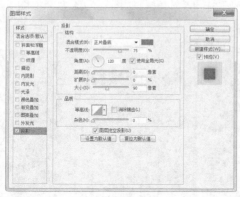
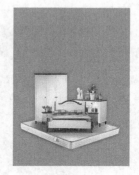

图 7-61	图 7-62

（4）新建图层并将其命名为"高光"。将前景色设为黄色（其 R、G、B 的值分别为 245、191、45）。选择"矩形选框"工具 ，在图像窗口中绘制矩形选区，如图 7-63 所示。选择"画笔"工具 ，在属性栏中单击"画笔"选项右侧的按钮 ，在弹出的画笔面板中选择需要的画笔形状，如图 7-64 所示。在选区中拖曳鼠标绘制出图像，效果如图 7-65 所示。按 Ctrl+D 组合键，取消选区。

（5）单击"图层"控制面板下方的"添加图层蒙版"按钮 ，为"高光"图层添加图层蒙版，如图 7-66 所示。选择"渐变"工具 ，单击属性栏中的"点按可编辑渐变"按钮 ，弹出"渐变编辑器"对话框，将渐变色设为黑色到白色，在图像窗口中从下向上拖曳渐变色，松开鼠标左键，效果如图 7-67 所示。

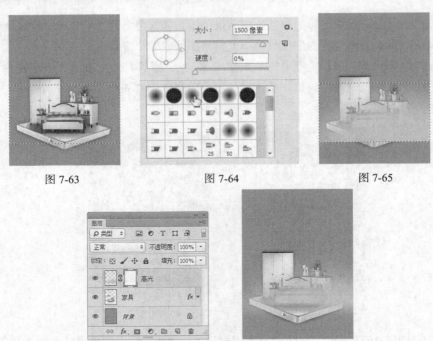

图 7-63　　　　　　　　　图 7-64　　　　　　　　　图 7-65

图 7-66　　　　　　　　图 7-67

（6）在"图层"控制面板上方，将"高光"图层的"不透明度"选项设为 64%，如图 7-68 所示，图像效果如图 7-69 所示。然后将"高光"图层拖曳到"家具"图层的下方，如图 7-70 所示，图像效果如图 7-71 所示。

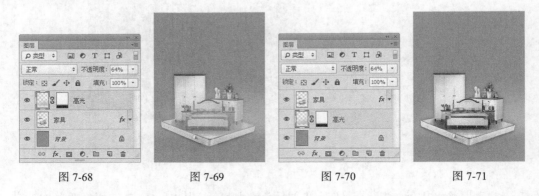

图 7-68　　　　　　　　图 7-69　　　　　　　　图 7-70　　　　　　　　图 7-71

（7）至此，家具宣传单底图制作完成。按 Ctrl+Shift+E 组合键，合并可见图层。按 Ctrl+Shift+S 组合键，弹出"存储为"对话框，将其命名为"家具宣传单底图"，保存为 TIFF 格式。单击"保存"按钮，弹出"TIFF 选项"对话框，单击"确定"按钮，将图像保存。

Illustrator 应用

7.2.2　添加并编辑标题文字

（1）打开 Illustrator 软件，按 Ctrl+N 组合键，新建一个文档，设置文档的宽度为 210mm，高度为 297mm，取向为竖向，颜色模式为 CMYK，单击"确定"按钮。

（2）选择"文件 > 置入"命令，弹出"置入"对话框，选择光盘中的"Ch07 > 效果 > 家具宣传单设计 > 家具宣传单底图"文件，单击"置入"按钮，将图片置入页面中，单击属性栏中的"嵌入"按钮，嵌入图片。选择"选择"工具，拖曳图片到适当的位置，效果如图 7-72 所示。

（3）选择"矩形"工具，在适当的位置拖曳鼠标绘制出一个矩形，设置图形填充颜色为红色（其 C、M、Y、K 的值分别为 0、100、100、16），填充图形，并设置描边色为无，效果如图 7-73 所示。

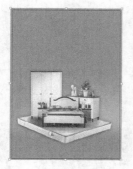

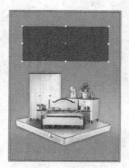

图 7-72　　　　　　　　　　图 7-73

（4）选择"钢笔"工具，在适当的位置绘制出一个不规则图形，设置图形填充颜色为深红色（其 C、M、Y、K 的值分别为 0、35、85、0），填充图形，并设置描边色为无，效果如图 7-74 所示。按 Ctrl+ [组合键，后移一层，效果如图 7-75 所示。

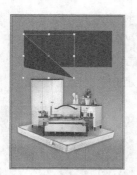
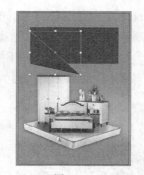

图 7-74　　　　　　　　　　图 7-75

（5）选择"文字"工具，在适当的位置分别输入需要的文字，选择"选择"工具，在属性栏中分别选择合适的字体并设置文字大小，效果如图 7-76 所示。将输入的文字同时选取，设置文字为黄色（其 C、M、Y、K 的值分别为 0、0、100、0），填充文字，效果如图 7-77 所示。

图 7-76　　　　　　　　　　　图 7-77

（6）选择"选择"工具 ↖ ，选取文字"年底"，如图 7-78 所示。双击"倾斜"工具 ⌂ ，弹出"倾斜"对话框，选项的设置如图 7-79 所示，单击"确定"按钮，效果如图 7-80 所示。使用相同的方法制作其他文字倾斜效果，如图 7-81 所示。

图 7-78

图 7-79

图 7-80

图 7-81

（7）选择"选择"工具 ↖ ，按住 Shift 键的同时，将文字同时选取，按 Shift+Ctrl+O 组合键，将文字转化为轮廓路径，效果如图 7-82 所示。选择"直接选择"工具 ▷ ，按住 Shift 键的同时，选取文字"冲"需要的锚点，如图 7-83 所示。向下拖曳锚点到适当的位置，效果如图 7-84 所示。使用相同的方法调整其他文字锚点，效果如图 7-85 所示。

图 7-82

图 7-83

图 7-84

图 7-85

7.2.3 制作会话框和标志

（1）选择"椭圆"工具 ，按住 Shift 键的同时，在适当的位置绘制出一个圆形，填充图形为黑色，并设置描边色为无，效果如图 7-86 所示。选择"添加锚点"工具，在圆形上分别单击鼠标左键，添加 3 个锚点，如图 7-87 所示。

图 7-86　　　　　　　　　图 7-87

（2）选择"直接选择"工具，向左下方拖曳需要的锚点到适当的位置，效果如图 7-88 所示。按住 Shift 键的同时，依次单击添加的锚点将其同时选取，如图 7-89 所示。单击属性栏中的"将所选锚点转换为尖角"按钮，将其转换为尖角，效果如图 7-90 所示。

图 7-88　　　　　　　图 7-89　　　　　　　图 7-90

（3）选择"文字"工具，在适当的位置输入需要的文字，选择"选择"工具，在属性栏中选择合适的字体并设置文字大小，按 Alt+↑组合键，调整文字行距，填充文字为白色，效果如图 7-91 所示。

（4）选择"文字"工具，选取文字"11.11"，并在属性栏中设置文字大小，效果如图 7-92 所示。选择"选择"工具，用圈选的方法将文字和图形同时选取，并将其拖曳到页面中适当的位置，效果如图 7-93 所示。

图 7-91　　　　　　图 7-92　　　　　　　　　　图 7-93

（5）选择"圆角矩形"工具 ，在页面中单击鼠标左键，弹出"圆角矩形"对话框，选项的设置如图 7-94 所示，单击"确定"按钮，得到一个圆角矩形。选择"选择"工具 ，拖曳圆角矩形到适当的位置，设置图形填充颜色为红色（其 C、M、Y、K 的值分别为 0、100、100、33），填充图形，效果如图 7-95 所示。

图 7-94   图 7-95

（6）选择"矩形"工具 ，在适当的位置拖曳鼠标绘制出一个矩形，设置图形的填充颜色为黄色（其 C、M、Y、K 的值分别为 0、0、100、0），填充图形，并设置描边的颜色为无，效果如图 7-96 所示。

（7）选择"直接选择"工具 ，选中矩形右上角的锚点，向下拖曳到适当的位置，效果如图 7-97 所示。选中矩形右下角的锚点，向上拖曳到适当的位置，效果如图 7-98 所示。

图 7-96   图 7-97   图 7-98

（8）双击"镜像"工具 ，弹出"镜像"对话框，选项的设置如图 7-99 所示，单击"复制"按钮，效果如图 7-100 所示。选择"选择"工具 ，按住 Shift 键的同时，水平向右拖曳复制的图形到适当的位置，效果如图 7-101 所示。

图 7-99   图 7-100   图 7-101

（9）选择"文字"工具 **T**，在适当的位置分别输入需要的文字，选择"选择"工具 **↖**，在属性栏中分别选择合适的字体并设置文字大小，效果如图 7-102 所示。选取文字"KS"，按 Alt+ →组合键，调整文字间距，设置文字为红色（其 C、M、Y、K 的值分别为 0、100、100、33），填充文字，效果如图 7-103 所示。

（10）选取文字"义家"，设置文字为黄色（其 C、M、Y、K 的值分别为 0、0、100、0），填充文字，效果如图 7-104 所示。

　　图 7-102　　　　　　　　　图 7-103　　　　　　　　　图 7-104

7.2.4　添加其他相关信息

（1）选择"星形"工具 **☆**，在页面中单击鼠标左键，弹出"星形"对话框，选项的设置如图 7-105 所示，单击"确定"按钮，得到一个多角星形。选择"选择"工具 **↖**，拖曳图形到适当的位置，设置图形填充颜色为黄色（其 C、M、Y、K 的值分别为 0、0、100、0），填充图形，效果如图 7-106 所示。

（2）选择"文字"工具 **T**，在适当的位置输入需要的文字，选择"选择"工具 **↖**，在属性栏中选择合适的字体并设置文字大小，按 Alt+↑组合键，调整文字行距，效果如图 7-107 所示。设置文字为大红色（其 C、M、Y、K 的值分别为 0、100、100、0），填充文字，效果如图 7-108 所示。

　　图 7-105　　　　　　　　图 7-106　　　　　　　　图 7-107　　　　　　　　图 7-108

（3）选择"矩形"工具 **□**，在适当的位置拖曳鼠标绘制出一个矩形，在属性栏中将"描边粗细"选项设为 3pt，按 Enter 键，效果如图 7-109 所示。填充图形为白色并设置描边色为大红色（其 C、M、Y、K 的值分别为 0、100、100、0），填充描边，效果如图 7-110 所示。

图 7-109　　　　　　　　　　　　　图 7-110

（4）选择"文字"工具 T，在适当的位置分别输入需要的文字，选择"选择"工具 ，在属性栏中分别选择合适的字体并设置文字大小，效果如图 7-111 所示。将输入的文字同时选取，设置文字为灰色（其 C、M、Y、K 的值分别为 0、0、0、70），填充文字，效果如图 7-112 所示。

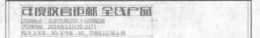

图 7-111　　　　　　　　　　　　　图 7-112

（5）选择"矩形"工具 ，在适当的位置拖曳鼠标绘制出一个矩形，设置描边色为大红色（其 C、M、Y、K 的值分别为 0、100、100、0），填充描边，效果如图 7-113 所示。选择"窗口 > 描边"命令，弹出"描边"面板，将"配置文件"选项设为"宽度配置文件 4"，其他选项的设置如图 7-114 所示，描边效果如图 7-115 所示。

图 7-113　　　　　　　　　　图 7-114　　　　　　　　　　图 7-115

（6）选择"文字"工具 T，在适当的位置分别输入需要的文字，选择"选择"工具 ，在属性栏中分别选择合适的字体并设置文字大小，效果如图 7-116 所示。将输入的文字同时选取，设置文字为大红色（其 C、M、Y、K 的值分别为 0、100、100、0），填充文字，效果如图 7-117 所示。

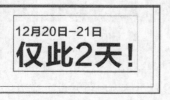

图 7-116　　　　　　　　　　　　　图 7-117

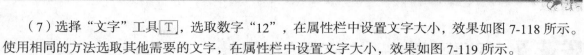

（7）选择"文字"工具 T ，选取数字"12"，在属性栏中设置文字大小，效果如图 7-118 所示。使用相同的方法选取其他需要的文字，在属性栏中设置文字大小，效果如图 7-119 所示。

图 7-118　　　　　　　　　　　图 7-119

（8）选择"圆角矩形"工具 ▣ ，在页面中单击鼠标左键，弹出"圆角矩形"对话框，选项的设置如图 7-120 所示，单击"确定"按钮，得到一个圆角矩形。选择"选择"工具 ，拖曳圆角矩形到适当的位置，设置图形填充颜色为红色（其 C、M、Y、K 的值分别为 0、100、100、33），填充图形，并设置描边色为无，效果如图 7-121 所示。

图 7-120　　　　　　　　　　图 7-121

（9）选择"文字"工具 T ，在适当的位置输入需要的文字，选择"选择"工具 ，在属性栏中选择合适的字体并设置文字大小，按 Alt+↑ 组合键，调整文字行距，效果如图 7-122 所示。至此，家具宣传单制作完成，效果如图 7-123 所示。

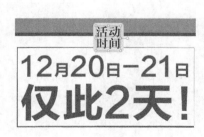

图 7-122　　　　　　　　　　图 7-123

（10）按 Ctrl+S 组合键，弹出"存储为"对话框，将其命名为"家具宣传单"，保存为 AI 格式，单击"保存"按钮，将文件保存。

7.3 课后习题——旅游宣传单设计

【习题知识要点】在 Photoshop 中，使用椭圆选区工具、钢笔工具和添加图层蒙版命令制作装饰图形；使用矩形工具和添加图层样式命令制作图片效果。在 Illustrator 中，使用文字工具和编辑路径工具添加标题；使用描边控制面板和扩展外观命令制作文字描边效果；使用符号库命令添加装饰图形。旅游宣传单设计效果如图 7-124 所示。

【效果所在位置】光盘/Ch07/效果/旅游宣传单设计/旅游宣传单.ai。

图 7-124

第8章
广告设计

广告以多样的形式出现在城市中，是城市商业发展的写照，广告通过电视、报纸和霓虹灯等媒介来发布。好的广告要强化视觉冲击力，抓住观众的视线。广告是重要的宣传媒体之一，具有实效性强、受众广泛、宣传力度大的特点。本章以洋酒广告和房地产广告设计为例，讲解广告的设计方法和制作技巧。

课堂学习目标

- 在 Photoshop 软件中制作广告背景图
- 在 Illustrator 软件中添加广告语、标志及其他相关信息

8.1 洋酒广告设计

【案例学习目标】在 Photoshop 中，学习使用图层面板、画笔工具和渐变工具制作广告背景图。在 Illustrator 中，学习使用文字工具、字符面板和建立剪切蒙版命令制作广告语。

【案例知识要点】在 Photoshop 中，使用添加图层蒙版按钮、画笔工具合成相关图片，使用透明度选项为图片添加半透明效果；使用垂直翻转命令、渐变工具制作倒影效果。在 Illustrator 中，使用文字工具、字符面板添加广告语；使用创建剪切蒙版命令为图片添加剪切蒙版效果。洋酒广告设计效果如图 8-1 所示。

【效果所在位置】光盘/Ch08/效果/洋酒广告设计/洋酒广告.ai。

图 8-1

Photoshop 应用

8.1.1 制作广告背景图

（1）按 Ctrl + N 组合键，新建一个文件，宽度为 32.5cm，高度为 18.3cm，分辨率为 150 像素/英寸，颜色模式为 RGB，背景内容为白色。将前景色设为黑色。按 Alt+Delete 组合键，用前景色填充背景图层，效果如图 8-2 所示。

（2）按 Ctrl + O 组合键，打开光盘中的"Ch08 > 素材 > 洋酒广告设计 > 01"文件，选择"移动"工具，将图片拖曳到图像窗口中适当的位置并调整其大小，如图 8-3 所示。在"图层"控制面板中生成新的图层并将其命名为"城堡"。

图 8-2

图 8-3

（3）单击"图层"控制面板下方的"添加图层蒙版"按钮 ，为"城堡"图层添加图层蒙版，如图 8-4 所示。选择"画笔"工具 ，在属性栏中单击"画笔"选项右侧的按钮，在弹出的画笔面板中选择需要的画笔形状，如图 8-5 所示。在图像窗口中拖曳鼠标擦除不需要的图像，效果如图 8-6 所示。

图 8-4

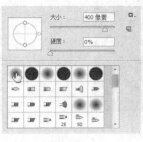
图 8-5

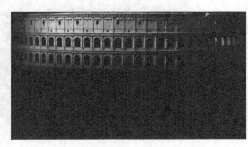
图 8-6

（4）按 Ctrl + O 组合键，打开光盘中的"Ch08 > 素材 > 洋酒广告设计 > 02、03"文件，选择"移动"工具 ，将图片分别拖曳到图像窗口中适当的位置并调整其大小，如图 8-7 所示。在"图层"控制面板中分别生成新的图层并将其命名为"雕塑""宫殿"，如图 8-8 所示。

图 8-7

图 8-8

（5）在"图层"控制面板上方，将"宫殿"图层的"不透明度"选项设为 60%，如图 8-9 所示，图像效果如图 8-10 所示。

图 8-9

图 8-10

（6）按 Ctrl + O 组合键，打开光盘中的"Ch08 > 素材 > 洋酒广告设计 > 04、05"文件，选择"移动"工具 ，将图片分别拖曳到图像窗口中适当的位置并调整其大小，如图 8-11 所示。在"图层"控制面板中分别生成新的图层并将其命名为"灯""酒"。单击"图层"控制面板下方的"添加图层蒙版"按钮 ，为"酒"图层添加图层蒙版，如图 8-12 所示。

（7）选择"画笔"工具 ，在属性栏中单击"画笔"选项右侧的按钮 ，在弹出的画笔面板中选择需要的画笔形状，如图 8-13 所示。在图像窗口中拖曳鼠标擦除不需要的图像，效果如图 8-14 所示。

图 8-11

图 8-12

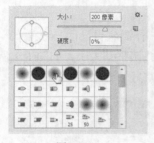

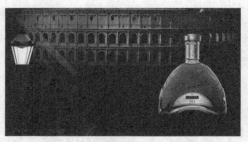

图 8-13

图 8-14

（8）将"酒"图层拖曳到"图层"控制面板下方的"创建新图层"按钮 上进行复制，生成新的图层"酒 拷贝"。按 Ctrl+T 组合键，图像周围出现变换框，按住 Shift 键的同时，将中心点垂直向下拖曳到下边中间位置，如图 8-15 所示。在变换框中单击鼠标右键，在弹出的菜单中选择"垂直翻转"命令，垂直翻转图像，按 Enter 键确定操作，效果如图 8-16 所示。

图 8-15

图 8-16

（9）单击"酒 拷贝"图层的蒙版缩览图。选择"渐变"工具 ，单击属性栏中的"点按可编辑渐变"按钮 ，弹出"渐变编辑器"对话框，将渐变色设为黑色到白色，在图像窗口中拖曳渐变色，如图 8-17 所示，松开鼠标左键，效果如图 8-18 所示。

（10）至此，洋酒广告背景图制作完成。按 Ctrl+Shift+E 组合键，合并可见图层。按 Ctrl+S 组合键，弹出"存储为"对话框，将其命名为"洋酒广告背景图"，保存为 TIFF 格式。单击"保存"按钮，弹出"TIFF 选项"对话框，单击"确定"按钮，将图像保存。

图 8-17 　　　　　　　　　　　　　　　　　　图 8-18

Illustrator 应用

8.1.2　制作广告语

（1）打开 Illustrator 软件，按 Ctrl+N 组合键，新建一个文档，设置文档的宽度为 373.5mm，高度为 207.5mm，取向为横向，颜色模式为 CMYK，单击"确定"按钮。

（2）选择"文件 > 置入"命令，弹出"置入"对话框，选择光盘中的"Ch08 > 效果 > 洋酒广告设计 > 洋酒广告背景图"文件，单击"置入"按钮，将图片置入页面中，单击属性栏中的"嵌入"按钮，嵌入图片。选择"选择"工具，拖曳图片到适当的位置并调整其大小，效果如图 8-19 所示。

（3）选择"文字"工具，在适当的位置输入需要的文字，选择"选择"工具，在属性栏中选择合适的字体并设置文字大小，按 Alt+←组合键，调整文字间距，填充文字为白色，效果如图 8-20 所示。

图 8-19 　　　　　　　　　　　　　　　　　　图 8-20

（4）选择"文件 > 置入"命令，弹出"置入"对话框，选择光盘中的"Ch08 > 素材 > 洋酒广告设计 > 06"文件，单击"置入"按钮，将图片置入页面中，单击属性栏中的"嵌入"按钮，嵌入图片。选择"选择"工具，拖曳图片到适当的位置并调整其大小，效果如图 8-21 所示。按 Ctrl+[组合键，后移一层，效果如图 8-22 所示。

（5）选择"选择"工具，按住 Shift 键的同时，单击文字将其同时选取，如图 8-23 所示。按 Ctrl+7 组合键，建立剪切蒙版，效果如图 8-24 所示。

图 8-21

图 8-22

图 8-23

图 8-24

（6）选择"文字"工具 T，在适当的位置分别输入需要的文字，选择"选择"工具 ，在属性栏中分别选择合适的字体并设置文字大小，分别按 Alt+→组合键，调整文字间距。将输入的文字同时选取，设置文字为棕色（其 C、M、Y、K 的值分别为 33、55、65、0），填充文字，效果如图 8-25 所示。

（7）选择"文字"工具 T，单击属性栏中的"居中对齐"按钮，在适当的位置输入需要的文字，选择"选择"工具 ，在属性栏中选择合适的字体并设置文字大小。设置文字为棕色（其 C、M、Y、K 的值分别为 33、55、65、0），填充文字，效果如图 8-26 所示。

图 8-25

图 8-26

（8）按 Ctrl+T 组合键，弹出"字符"控制面板，在"设置所选字符的字符间距调整"选项 文本框中输入 50，其他选项的设置如图 8-27 所示，按 Enter 键确认操作，效果如图 8-28 所示。

（9）选择"文字"工具 T，单击属性栏中的"左对齐"按钮，在适当的位置输入需要的文字，选择"选择"工具 ，在属性栏中选择合适的字体并设置文字大小，填充文字为白色，效果如图 8-29 所示。

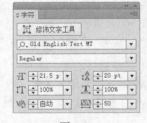

图 8-27

（10）选择"文件 > 置入"命令，弹出"置入"对话框，选择光盘中的"Ch08 > 素材 > 洋酒广告设计 > 06"文件，单击"置入"按钮，将图片置入页面中，单击属性栏中的"嵌入"按钮，嵌入图片。选择"选择"工具 ，拖曳图片到适当的位置并调整其大小，效果如图 8-30 所示。按 Ctrl+ [组合键，后移一层，效果如图 8-31 所示。

图 8-28

图 8-29

图 8-30

图 8-31

（11）选择"选择"工具 ，按住 Shift 键的同时，单击文字将其同时选取，按 Ctrl+7 组合键，建立剪切蒙版，效果如图 8-32 所示。

（12）选择"文字"工具 ，在适当的位置输入需要的文字，选择"选择"工具 ，在属性栏中选择合适的字体并设置文字大小，按 Alt+→组合键，调整文字间距。设置文字为棕色（其 C、M、Y、K 的值分别为 33、55、65、0），填充文字，效果如图 8-33 所示。

图 8-32   图 8-33

（13）选择"选择"工具 ，按住 Shift 键的同时，依次单击文字将其同时选取，如图 8-34 所示。单击属性栏中的"水平居中对齐"按钮 ，对齐效果如图 8-35 所示。至此，洋酒广告制作完成。

（14）按 Ctrl+S 组合键，弹出"存储为"对话框，将其命名为"洋酒广告"，保存为 AI 格式，单击"保存"按钮，将文件保存。

图 8-34

图 8-35

图 8-36

8.2　房地产广告设计

【案例学习目标】在 Photoshop 中，学习使用图层面板和渐变工具制作广告背景图。在 Illustrator 中，学习使用绘图工具、文字工具和填色命令制作标志和宣传性文字。

【案例知识要点】在 Photoshop 中，使用添加图层蒙版按钮、渐变工具制作图片渐隐效果。在 Illustrator 中，使用矩形网格工具绘制需要的网格；使用实时上色工具为网格填充颜色；使用矩形工具、倾斜工具和文字工具制作标志图形；使用椭圆工具、钢笔工具、直线段工具和文字工具制作价格标牌；使用文字工具、字符面板添加宣传性文字。房地产广告设计效果如图 8-36 所示。

【效果所在位置】光盘/Ch08/效果/房地产广告设计/房地产广告.ai。

Photoshop 应用

8.2.1　制作背景图

（1）按 Ctrl + N 组合键，新建一个文件，宽度为 18.9cm，高度为 22cm，分辨率为 300 像素/英寸，颜色模式为 RGB，背景内容为白色。

（2）按 Ctrl + O 组合键，打开光盘中的"Ch08 > 素材 > 房地产广告设计 > 01、02"文件，选择"移动"工具，将图片分别拖曳到图像窗口中适当的位置并调整其大小，效果如图 8-37 所示。在"图层"控制面板中生成新的图层并将其命名为"人物""楼层"。单击"图层"控制面板下方的"添加图层蒙版"按钮，为"楼层"图层添加图层蒙版，如图 8-38 所示。

（3）选择"渐变"工具，单击属性栏中的"点按可编辑渐变"按钮，弹出"渐变编辑器"对话框，将渐变色设为黑色到白色，在图像窗口中拖曳渐变色，松开鼠标左键，效果如图 8-39 所示。

图 8-37　　　　　　　　　　图 8-38　　　　　　　　　　图 8-39

（4）按 Ctrl + O 组合键，打开光盘中的"Ch08 > 素材 > 房地产广告设计 > 03"文件，选择"移动"工具，将图片拖曳到图像窗口中适当的位置并调整其大小，如图 8-40 所示。在"图层"控制面板中生成新的图层并将其命名为"夜景"。

（5）单击"图层"控制面板下方的"添加图层蒙版"按钮，为"夜景"图层添加图层蒙版，如图 8-41 所示。选择"渐变"工具，在图像窗口中拖曳渐变色，松开鼠标左键，效果如图 8-42 所示。

（6）至此，房地产广告背景图制作完成。按 Ctrl+Shift+E 组合键，合并可见图层。按 Ctrl+Shift+S 组合键，弹出"存储为"对话框，将其命名为"房地产广告背景图"，并保存为 TIFF 格式。单击"保存"按钮，弹出"TIFF 选项"对话框，单击"确定"按钮，将图像保存。

图 8-40

图 8-41

图 8-42

Illustrator 应用

8.2.2　添加并编辑网格

（1）打开 Illustrator 软件，按 Ctrl+N 组合键，新建一个文档，设置文档的宽度为 210mm，高度为 297mm，取向为竖向，颜色模式为 CMYK，单击"确定"按钮。

（2）选择"矩形"工具■，在适当的位置拖曳鼠标绘制出一个矩形，设置图形填充颜色为青色（其 C、M、Y、K 的值分别为 100、0、0、0），填充图形，并设置描边色为无，效果如图 8-43 所示。

（3）选择"文件 > 置入"命令，弹出"置入"对话框，选择光盘中的"Ch08 > 效果 > 房地产广告设计 > 房地产广告背景图"文件，单击"置入"按钮，将图片置入页面中，单击属性栏中的"嵌入"按钮，嵌入图片。选择"选择"工具，拖曳图片到适当的位置并调整其大小，效果如图 8-44 所示。

图 8-43

图 8-44

（4）选择"矩形网格"工具▦，在页面中单击鼠标左键，弹出"矩形网格工具选项"对话框，选项的设置如图 8-45 所示，单击"确定"按钮，得到一个网格图形。设置描边色为浅蓝色（其 C、M、Y、K 的值分别为 40、0、0、0），填充描边，在属性栏中将"描边粗细"选项设为 2pt，按 Enter 键，效果如图 8-46 所示。

（5）选择"选择"工具 ，按住 Shift 键的同时，单击下方图片将其同时选取，分别单击属性栏中的"水平左对齐"按钮 和"垂直顶对齐"按钮 ，对齐效果如图 8-47 所示。选取网格图形，按 Ctrl+C 组合键，复制图形。在属性栏中将"不透明度"选项设为 50%，取消选取状态，效果如图 8-48 所示。

图 8-45

图 8-46

图 8-47

图 8-48

（6）按 Ctrl+F 组合键，将复制的图形粘贴在前面，设置其描边色为无，如图 8-49 所示。选择"实时上色"工具 ，设置填充颜色为白色，将光标置于网格对象中，如图 8-50 所示，单击鼠标左键，填充图形，效果如图 8-51 所示。

图 8-49

图 8-50

图 8-51

（7）将光标置于下一个网格对象中，如图 8-52 所示，单击鼠标左键，填充图形，效果如图 8-53 所示。使用相同的方法填充其他网格，效果如图 8-54 所示。

图 8-52

图 8-53

图 8-54

8.2.3　制作标志图形

（1）选择"矩形"工具 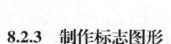，在适当的位置拖曳鼠标绘制出一个矩形，填充描边为白色，在属性栏中将"描边粗细"选项设为 4pt，按 Enter 键，效果如图 8-55 所示。设置图形填充颜色为红色（其 C、M、Y、K 的值分别为 0、100、100、0），填充图形，效果如图 8-56 所示。

图 8-55

图 8-56

（2）双击"倾斜"工具 ，弹出"倾斜"对话框，选项的设置如图 8-57 所示，单击"确定"按钮，效果如图 8-58 所示。

图 8-57

图 8-58

（3）选择"选择"工具 ，按住 Alt 键的同时，向下拖曳图形到适当的位置复制图形，并调整其大小，效果如图 8-59 所示。设置图形填充颜色为洋红色（其 C、M、Y、K 的值分别为 0、100、0、0），填充图形，效果如图 8-60 所示。

（4）选择"选择"工具 ，按住 Alt 键的同时，向右拖曳图形到适当的位置复制图形，并调整其大小。设置图形填充颜色为蓝色（其 C、M、Y、K 的值分别为 100、100、0、0），填充图形，效果如图 8-61 所示。使用相同的方法再复制出一个图形，填充图形为绿色（其 C、M、Y、K 的值分别为 100、0、100、0），效果如图 8-62 所示。

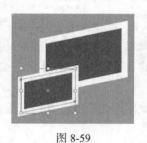

图 8-59

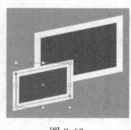

图 8-60

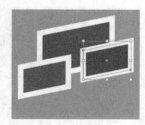

图 8-61

（5）选择"文字"工具 T，在适当的位置分别输入需要的文字，选择"选择"工具，在属性栏中分别选择合适的字体并设置文字大小，效果如图 8-63 所示。选取文字"海龙时间广场"，设置文字为灰色（其 C、M、Y、K 的值分别为 0、0、0、80），填充文字，效果如图 8-64 所示。

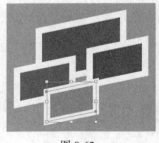
图 8-62

图 8-63

图 8-64

（6）选择"文字"工具 T，在适当的位置单击插入光标，如图 8-65 所示。选择"文字 > 字形"命令，在弹出的"字形"面板中按需要进行设置并选择需要的字形，如图 8-66 所示。双击鼠标左键插入字形，效果如图 8-67 所示。使用相同的方法在适当的位置再次插入字形，效果如图 8-68 所示。

图 8-65

图 8-66

图 8-67

图 8-68

（7）选择"选择"工具，选取文字，按 Ctrl+T 组合键，弹出"字符"控制面板，在"设置所选字符的字符间距调整"选项 文本框中输入 950，其他选项的设置如图 8-69 所示，按 Enter 键确认操作，效果如图 8-70 所示。

（8）选择"选择"工具，按住 Shift 键的同时，将图形和文字同时选取，并将其拖曳到页面中适当的位置，效果如图 8-71 所示。

图 8-69　　　　　　　　　　　　图 8-70　　　　　　　　　　　　图 8-71

8.2.4　添加宣传性文字

（1）选择"文字"工具 T，在适当的位置分别输入需要的文字，选择"选择"工具 ，在属性栏中分别选择合适的字体并设置文字大小，效果如图 8-72 所示。按 Shift 键的同时，选取需要的文字，设置文字为洋红色（其 C、M、Y、K 的值分别为 0、100、0、0），填充文字，效果如图 8-73 所示。

图 8-72　　　　　　　　　　　　　　　　图 8-73

（2）选择"直线段"工具 ，按 Shift 键的同时，在适当的位置绘制出一条直线，在属性栏中将"描边粗细"选项设为 0.5pt，按 Enter 键，效果如图 8-74 所示。选择"选择"工具 ，按住 Alt+Shift 组合键的同时，垂直向下拖曳直线到适当的位置复制直线，效果如图 8-75 所示。

（3）选择"选择"工具 ，选取背景矩形，如图 8-76 所示，按 Ctrl+C 组合键，复制图形，按 Ctrl+F 组合键，将复制的图形粘贴在前面。向下拖曳上边中间的控制手柄到适当的位置，调整其大小，填充图形为白色，效果如图 8-77 所示。使用相同的方法复制其他图形，并填充相应的颜色，效果如图 8-78 所示。

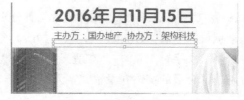

图 8-74　　　　　　　　　　　　　　　　图 8-75

图 8-76

图 8-77

图 8-78

（4）选择"文字"工具 T ，在适当的位置输入需要的文字，选择"选择"工具 ，在属性栏中选择合适的字体并设置文字大小，填充文字为白色，效果如图 8-79 所示。

（5）选择"椭圆"工具 ，按住 Shift 键的同时，在适当的位置拖曳鼠标绘制出一个圆形，填充描边为白色，在属性栏中将"描边粗细"选项设为 1pt，按 Enter 键，效果如图 8-80 所示。

图 8-79

图 8-80

（6）保持图形选取状态。选择"对象 > 变换 > 缩放"命令，在弹出的"比例缩放"对话框中进行设置，如图 8-81 所示，单击"复制"按钮，效果如图 8-82 所示。

图 8-81

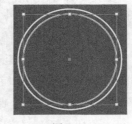
图 8-82

（7）选择"钢笔"工具 ，在适当的位置分别绘制曲线，填充描边为白色，在属性栏中将"描边粗细"选项设为 1pt，按 Enter 键，效果如图 8-83 所示。

（8）选择"文字"工具 T ，在适当的位置分别输入需要的文字，选择"选择"工具 ，在属性栏中分别选择合适的字体并设置文字大小，填充文字为白色，效果如图 8-84 所示。

图 8-83　　　　　　　　　　　　　　　　图 8-84

（9）选择"文字"工具 T，选取数字"2"，选择"字符"控制面板，在"设置基线偏移"选项 A$_a^\ddagger$ 文本框中输入 5pt，其他选项的设置如图 8-85 所示，按 Enter 键确认操作，效果如图 8-86 所示。

（10）选择"直线段"工具 ，按 Shift 键的同时，在适当的位置绘制出一条直线，填充描边为白色，在属性栏中将"描边粗细"选项设为 1pt，按 Enter 键，效果如图 8-87 所示。

图 8-85　　　　　　　　图 8-86　　　　　　　　　图 8-87

（11）选择"选择"工具 ，按住 Alt+Shift 组合键的同时，垂直向下拖曳直线到适当的位置复制直线，效果如图 8-88 所示。使用相同的方法绘制其他直线，效果如图 8-89 所示。

图 8-88　　　　　　　　　　　　　　　　图 8-89

（12）选择"选择"工具 ，按住 Shift 键的同时，选取需要的图形和文字，如图 8-90 所示。将光标移动到右上角的控制手柄上，指针变为旋转图标 ，向上拖曳并将其旋转到适当的角度，效果如图 8-91 所示。

图 8-90　　　　　　　　　　　　　　　　图 8-91

（13）选择"文字"工具 T ，在适当的位置分别输入需要的文字，选择"选择"工具 ，在属性栏中分别选择合适的字体并设置文字大小，效果如图 8-92 所示。将输入的文字同时选取，设置文字为蓝色（其 C、M、Y、K 的值分别为 100、100、0、0），填充文字，效果如图 8-93所示。

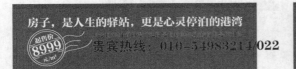

图 8-92

图 8-93

（14）选择"文字"工具 T ，选取文字"贵宾热线："，选择"字符"控制面板，在"设置基线偏移"选项 文本框中输入-6.5pt，其他选项的设置如图 8-94 所示，按 Enter 键确认操作，效果如图 8-95 所示。

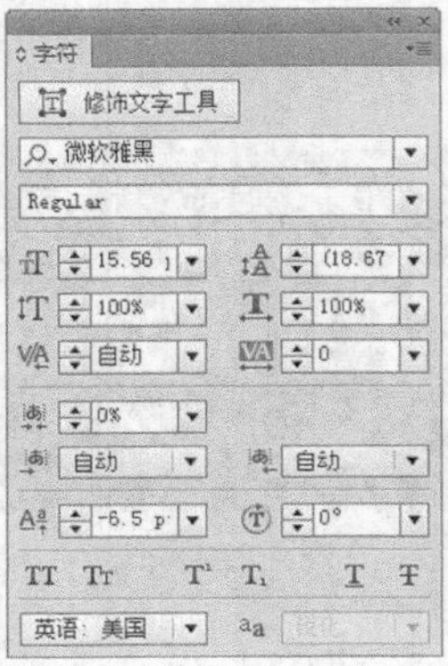

图 8-94

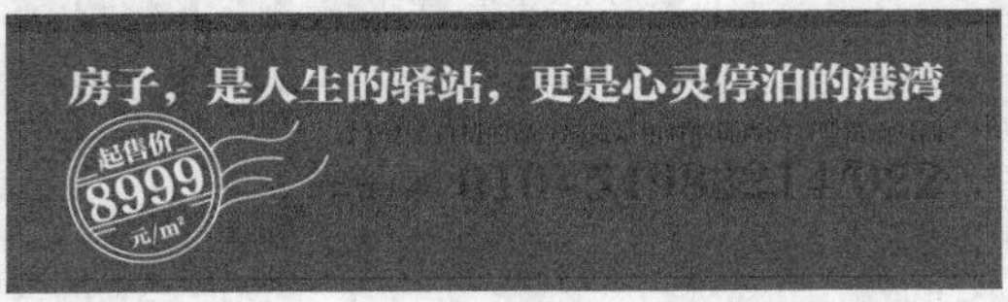

图 8-95

（15）选择"直线段"工具 ，按住 Shift 键的同时，在适当的位置绘制出一条直线，填充描边为白色，效果如图 8-96 所示。选择"窗口 > 描边"命令，弹出"描边"控制面板，勾选"虚线"复选框，其他选项的设置如图 8-97 所示，按 Enter 键，效果如图 8-98 所示。至此，房地产广告制作完成，效果如图 8-99 所示。

图 8-96

图 8-97

图 8-98 图 8-99

（16）按 Ctrl+S 组合键，弹出"存储为"对话框，将其命名为"房地产广告"，保存为 AI 格式，单击"保存"按钮，将文件保存。

8.3 课后习题——打印机广告设计

【习题知识要点】在 Photoshop 中，使用渐变工具和钢笔工具制作背景底图；使用钢笔工具、渐变工具和加深工具制作海岸效果；使用钢笔工具和画笔工具制作装饰线条和图形。在 Illustrator 中，使用置入命令和外发光命令制作图片的发光效果；使用文字工具、渐变工具和描边命令添加广告语；使用钢笔工具、圆角矩形工具、文字工具和符号面板制作装饰底图和图标。打印机广告效果如图 8-100 所示。

【效果所在位置】光盘/Ch08/效果/打印机广告设计/打印机广告.ai。

图 8-110

第9章
招贴设计

招贴具有画面大、内容广泛、艺术表现力丰富和远视效果强烈的特点。在表现广告主题的深度和增加艺术魅力、审美效果方面十分出色。本章以促销招贴和汽车招贴设计为例，讲解招贴的设计方法和制作技巧。

课堂学习目标

- 在 Photoshop 软件中制作背景图和产品图片
- 在 Illustrator 软件中制作宣传语及其他的相关信息

9.1　促销招贴设计

【案例学习目标】学习在 Photoshop 中使用图层面板、绘图工具和画笔工具制作宣传背景和宣传语。在 Illustrator 中使用绘图工具、文字工具和字符面板制作宣传主体和其他宣传信息。

【案例知识要点】在 Photoshop 中，使用钢笔工具绘制背景效果；使用横排文字工具、字符面板和钢笔工具制作宣传语；使用矩形工具、钢笔工具和移动工具添加产品图片；使用圆角矩形工具、自定形状工具和横排文字工具制作搜索栏。在 Illustrator 中，使用文本工具和字符面板添加其他信息；使用椭圆工具、钢笔工具和文本工具制作宣传主体。促销招贴设计效果如图 9-1 所示。

【效果所在位置】光盘/Ch09/效果/促销招贴设计/促销招贴.ai。

图 9-1

Photoshop 应用

9.1.1　制作宣传语

（1）按 Ctrl + N 组合键，新建一个文件，宽度为 21cm，高度为 29.7cm，分辨率为 300 像素/英寸，颜色模式为 RGB，背景内容为白色。将前景色设为红色（其 R、G、B 的值分别为 195、13、35），按 Alt+Delete 组合键，用前景色填充"背景"图层，效果如图 9-2 所示。

（2）将前景色设为暗红色（其 R、G、B 的值分别为 178、7、23）。选择"钢笔"工具 ，在属性栏的"选择工具模式"选项中选择"形状"，在图像窗口中绘制形状，如图 9-3 所示，在"图层"控制面板中生成新的图层"形状 1"。使用相同的方法绘制其他形状，效果如图 9-4 所示。在"图层"控制面板中，按住 Shift 键的同时，将形状图层同时选取，按 Ctrl+G 组合键，群组图层，效果如图 9-5 所示。

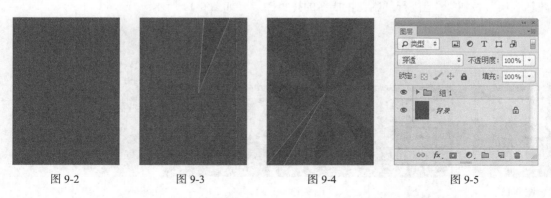

图 9-2　　　　　　图 9-3　　　　　　图 9-4　　　　　　图 9-5

（3）将前景色设为白色。选择"横排文字"工具 ，在适当的位置输入需要的文字并选取文字，在属性栏中选择合适的字体并设置大小，效果如图 9-6 所示，在"图层"控制面板中生成新的文字图层。选择"窗口 > 字符"命令，在弹出的面板中进行设置，如图 9-7 所示，按 Enter 键，效果如图 9-8 所示。

图 9-6　　　　　　　　　　　图 9-7　　　　　　　　　　　图 9-8

（4）在文字图层上单击鼠标右键，在弹出的菜单中选择"栅格化图层"命令，栅格化图层，效果如图 9-9 所示。选择"钢笔"工具 ，在属性栏的"选择工具模式"选项中选择"路径"，在图像窗口中绘制路径，如图 9-10 所示。按 Ctrl+Enter 组合键，将路径转换为选区，如图 9-11 所示。

图 9-9　　　　　　　　　　图 9-10　　　　　　　　图 9-11

（5）按 Alt+Delete 组合键，用前景色填充选区。按 Ctrl+D 组合键，取消选区，效果如图 9-12 所示。使用相同的方法在文字上绘制其他图形，效果如图 9-13 所示。将"直降最风暴"图层拖曳到"创建新图层"按钮 上进行复制，生成新的拷贝图层，如图 9-14 所示。

图 9-12　　　　　　　　　　图 9-13　　　　　　　　　　图 9-14

（6）选中"直降最风暴"图层。单击"图层"控制面板下方的"添加图层样式"按钮 fx.，在弹出的菜单中选择"投影"命令，在弹出的对话框中进行设置，如图 9-15 所示，单击"确定"按钮，效果如图 9-16 所示。

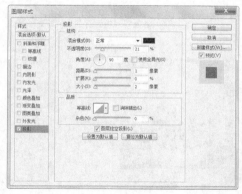

图 9-15　　　　　　　　　　　　　　　　　　　图 9-16

（7）在"图层"控制面板上方，将"直降最风暴"图层的"不透明度"选项设为 80%，如图 9-17 所示，图像效果如图 9-18 所示。

图 9-17　　　　　　　　　　　　　　　　图 9-18

（8）新建图层并将其命名为"黄色块"。将前景色设为黄色（其 R、G、B 的值分别为 255、243、46）。选择"钢笔"工具 ，在属性栏的"选择工具模式"选项中选择"像素"，在图像窗口中绘制图形，如图 9-19 所示。按 Ctrl+Alt+G 组合键，创建剪切蒙版，效果如图 9-20 所示。

（9）新建图层并将其命名为"蓝色块"。将前景色设为蓝色（其 R、G、B 的值分别为 48、160、255）。选择"钢笔"工具 ，在图像窗口中绘制图形，如图 9-21 所示。按 Ctrl+Alt+G 组合键，创建剪切蒙版，效果如图 9-22 所示。

图 9-19　　　　　　图 9-20　　　　　　图 9-21　　　　　　图 9-22

（10）新建图层并将其命名为"黄色圆"。将前景色设为黄色（其 R、G、B 的值分别为 255、243、46）。选择"椭圆"工具 ，按住 Shift 键的同时，在适当的位置绘制圆形，如图 9-23 所示。

（11）按 Ctrl + O 组合键，打开光盘中的"Ch09 > 素材 > 促销招贴设计 > 01"文件，选择"移动"工具 ，将图片拖曳到图像窗口中适当的位置，并调整其大小，效果如图 9-24 所示，在"图层"控制面板中生成新图层并将其命名为"电器"。

图 9-23　　　　　　　　　　　　　图 9-24

（12）按 Ctrl + O 组合键，打开光盘中的"Ch09 > 素材 > 促销招贴设计 > 02"文件，选择"移动"工具 ，将图片拖曳到图像窗口中适当的位置，并调整其大小，效果如图 9-25 所示，在"图层"控制面板中生成新图层并将其命名为"标签"。

（13）按 Ctrl + O 组合键，打开光盘中的"Ch09 > 素材 > 促销招贴设计 > 03"文件，选择"移动"工具 ，将图片拖曳到图像窗口中适当的位置，并调整其大小，效果如图 9-26 所示，在"图层"控制面板中生成新图层并将其命名为"品质保障"。按住 Shift 键的同时，单击"直降最风暴"图层，将需要的图层同时选取。按 Ctrl+G 组合键，群组图层，效果如图 9-27 所示。

图 9-25　　　　　　　　　　图 9-26　　　　　　　　　图 9-27

9.1.2　添加产品图片

（1）新建图层并将其命名为"色块"。选择"矩形选框"工具 ，在图像窗口中绘制矩形选区，如图 9-28 所示。选择"渐变"工具 ，单击属性栏中的"点按可编辑渐变"按钮 ，弹出"渐变编辑器"对话框，在"位置"选项中分别输入 0、46、100 三个位置点，分别设置 3 个位置点颜色的 RGB 值为 0（245、242、206），43（224、193、128），100（244、240、203），如图 9-29 所示，单击"确定"按钮。按住 Shift 键的同时，在矩形选区中从左到右拖曳渐变色，按 Ctrl+D 组合键，取消选区，效果如图 9-30 所示。

（2）将前景色设为红色（其 R、G、B 的值分别为 178、7、23）。选择"矩形"工具 ，在适当的位置绘制出矩形，在属性栏的"选择工具模式"选项中选择"形状"，如图 9-31 所示。再绘制出一个矩形形状，将属性栏中的"颜色"选项设为蓝色（其 R、G、B 的值分别为 23、42、236），效果如图 9-32 所示。

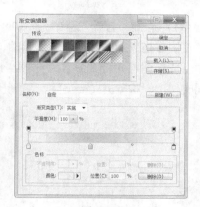

图 9-28　　　　　　　　　　　图 9-29　　　　　　　　　　　　图 9-30

图 9-31　　　　　　　　　　　　　　　　　　　　图 9-32

（3）新建图层并将其命名为"蓝色形状"。将前景色设为暗蓝色（其 R、G、B 的值分别为 0、15、88）。选择"钢笔"工具，在图像窗口中绘制形状，如图 9-33 所示。选择"移动"工具，将形状拖曳到适当的位置，效果如图 9-34 所示。

图 9-33　　　　　　　　　　　　　　　图 9-34

（4）按 Ctrl+T 组合键，在图像周围出现变换框，单击鼠标右键，在弹出的菜单中选择"水平翻转"命令，水平翻转图像，按 Enter 键确定操作，效果如图 9-35 所示。按住 Shift 键的同时，单击"蓝色形状"图层，将两个图层同时选取，拖曳到"蓝色矩形"图层的下方，如图 9-36 所示。

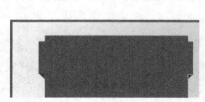

图 9-35　　　　　　　　　　　图 9-36

（5）选择"蓝色矩形"图层。按 Ctrl + O 组合键，打开光盘中的"Ch09 > 素材 > 促销招贴设计 > 04"文件，选择"移动"工具，将图片拖曳到图像窗口中适当的位置，并调整其大小，效果如图 9-37 所示，在"图层"控制面板中生成新图层并将其命名为"电器 1"。按住 Shift 键的同时，单击"红色形状"图层，将需要的图层同时选取，按 Ctrl+G 组合键，群组图层，如图 9-38 所示。

图 9-37　　　　　　　　　　　图 9-38

（6）选择"移动"工具，按住 Alt 键的同时，将群组图形拖曳到适当的位置，效果如图 9-39 所示。将"电器 1 拷贝"图层拖曳到"删除图层"按钮上，删除图层，效果如图 9-40 所示。

图 9-39　　　　　　　　　　　图 9-40

（7）按 Ctrl + O 组合键，打开光盘中的"Ch09 > 素材 > 促销招贴设计 > 05"文件，选择"移动"工具，将图片拖曳到图像窗口中适当的位置，并调整其大小，效果如图 9-41 所示，在"图层"控制面板中生成新图层并将其命名为"电器 2"。隐藏"群组 3 拷贝"图层组中的图层。用上述的方法制作另一个产品图形，效果如图 9-42 所示。

图 9-41　　　　　　　　　　　图 9-42

（8）将前景色设为橙色（其 R、G、B 的值分别为 226、136、5）。选择"钢笔"工具，在图像窗口中绘制形状，如图 9-43 所示。单击"图层"控制面板下方的"添加图层样式"按钮，在弹出的菜单中选择"渐变叠加"命令，弹出对话框，单击"渐变"选项右侧的"点按可编辑渐变"按钮，弹出"渐变编辑器"对话框，将渐变颜色设为从橙黄色（其 R、G、B 的值分别为 254、206、0）到浅黄色（其 R、G、B 的值分别为 255、239、154），如图 9-44 所示，单击"确定"按钮。

返回"渐变叠加"对话框，其他选项的设置如图 9-45 所示，单击"确定"按钮，效果如图 9-46 所示。

（9）单击"图层"控制面板下方的"添加图层蒙版"按钮 ▣，为"形状 8"图层添加图层蒙版，如图 9-47 所示。将前景色设为黑色。选择"画笔"工具 ✐，在属性栏中单击"画笔"选项右侧的按钮·，在弹出的面板中选择需要的画笔形状，将"大小"选项设为 100 像素，如图 9-48 所示，在图像窗口中拖曳鼠标擦除不需要的图像，效果如图 9-49 所示。

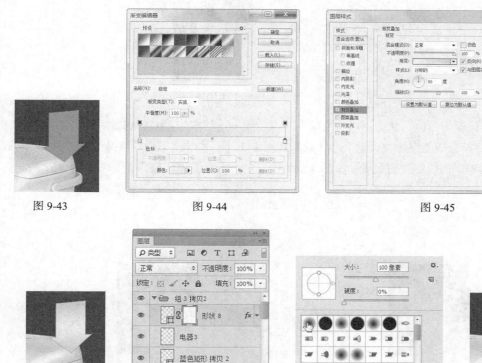

图 9-43　　　　　　图 9-44　　　　　　　　　　图 9-45

图 9-46　　　　图 9-47　　　　　图 9-48　　　　图 9-49

（10）将前景色设为红色（其 R、G、B 的值分别为 199、0、23）。选择"钢笔"工具 ✐，在图像窗口中绘制形状，如图 9-50 所示，在"图层"控制面板中生成新的形状图层。在面板上方将该图层的"不透明度"选项设为 50%，如图 9-51 所示，图像效果如图 9-52 所示。

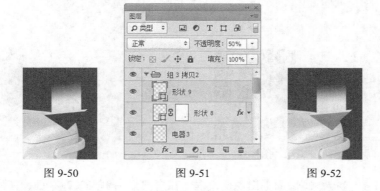

图 9-50　　　　　　图 9-51　　　　　　图 9-52

（11）在"图层"控制面板上方，将"形状 9"图层拖曳到"形状 8"图层的下方，如图 9-53 所示，图像效果如图 9-54 所示。

图 9-53　　　　　　　　　　　　图 9-54

（12）将前景色设为白色。选择"横排文字"工具 T，在适当的位置输入需要的文字并选取文字，在属性栏中选择合适的字体并设置大小，效果如图 9-55 所示，在"图层"控制面板中生成新的文字图层。在"字符"面板中进行设置，如图 9-56 所示，按 Enter 键确认操作，效果如图 9-57 所示。

图 9-55　　　　　　　　图 9-56　　　　　　　　图 9-57

（13）选择"横排文字"工具 T，选取上方的文字，在"字符"面板中进行设置，如图 9-58 所示，按 Enter 键确认操作，效果如图 9-59 所示。选取下方的文字，在"字符"面板中进行设置，如图 9-60 所示，按 Enter 键确认操作，效果如图 9-61 所示。

图 9-58　　　　　　　图 9-59　　　　　　　图 9-60　　　　　　　图 9-61

（14）按 Ctrl+T 组合键，图像周围出现变换框，在变换框中单击鼠标右键，在弹出的菜单中选择"斜切"命令，向上拖曳右侧中间的控制手柄到适当的位置，按 Enter 键确定操作，效果如图 9-62 所示。

（15）单击"图层"控制面板下方的"添加图层样式"按钮 fx，在弹出的菜单中选择"颜色叠加"命令，弹出对话框，将叠加颜色设为暗红色（其 R、G、B 的值分别为 88、0、0），其他选项的设置如图 9-63 所示；选择"外发光"选项，将发光颜色设为白色，其他选项的设置如图 9-64 所示，单击"确定"按钮，效果如图 9-65 所示。隐藏"组 3 拷贝 2"图层组的图层。按住 Shift 键的同时，单击"色块"图层，将需要的图层同时选取，按 Ctrl+G 组合键，群组图层，如图 9-66 所示。

图 9-62

图 9-63

图 9-64

图 9-65

图 9-66

9.1.3　制作搜索栏

（1）新建图层并将其命名为"红色圆角矩形"。将前景色设为粉红色（其 R、G、B 的值分别为 243、49、0）。选择"圆角矩形"工具，在属性栏的"选择工具模式"选项中选择"像素"，将"半径"选项设为 35 像素，在图像窗口中绘制圆角矩形，如图 9-67 所示。

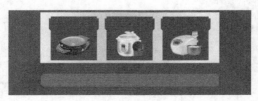

图 9-67

（2）在适当的位置再绘制出一个圆角矩形，在属性栏中将"颜色"选项设为白色，效果如图 9-68 所示。单击"图层"控制面板下方的"添加图层样式"按钮 fx.，在弹出的菜单中选择"内阴影"命令，弹出对话框，将阴影颜色设为暗红色（其 R、G、B 的值分别为 143、29、1），其他选项的设置如图 9-69 所示，单击"确定"按钮，效果如图 9-70 所示。

（3）将前景色设为黑色。选择"横排文字"工具 T，在适当的位置输入需要的文字并选取文字，在属性栏中选择合适的字体并设置大小，效果如图 9-71 所示，在"图层"控制面板中生成新的文字图层。

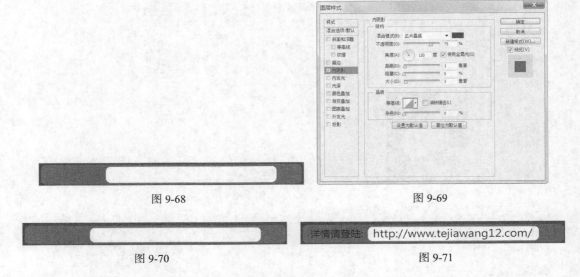

图 9-68　　　　　　　　　　　　　　　　　　图 9-69

图 9-70　　　　　　　　　　　　　　　　　　图 9-71

（4）选择"横排文字"工具 T，选取需要的文字，在属性栏中将"颜色"选项设为白色，按 Enter 键确认操作，效果如图 9-72 所示。选取其他文字，在属性栏中将"颜色"选项设为灰色（其 R、G、B 的值分别为 67、67、67），按 Enter 键确认操作，效果如图 9-73 所示。

图 9-72 　　　　　　　　　　　　　　　　　　图 9-73

（5）新建图层并将其命名为"搜索"。将前景色设为白色。选择"自定形状"工具 ，单击属性栏中的"形状"选项，弹出"形状"面板，单击面板右上方的按钮 ，在弹出的菜单中选择"全部"命令，弹出提示对话框，单击"确定"按钮。在"形状"面板中选中图形"搜索"，如图 9-74 所示。在属性栏的"选择工具模式"选项中选择"形状"，在图像窗口中拖曳光标绘制形状，如图 9-75 所示。

图 9-74 　　　　　　　　　　　　　　　　　　图 9-75

（6）按 Ctrl+T 组合键，在图像周围出现变换框，单击鼠标右键，在弹出的菜单中选择"水平翻转"命令，水平翻转图像，按 Enter 键确定操作，效果如图 9-76 所示。至此，促销海报背景绘制完成，效果如图 9-77 所示。

（7）按住 Shift 键的同时，单击"红色圆角矩形"图层，将需要的图层同时选取，按 Ctrl+G 组合键，群组图层，如图 9-78 所示。按 Shift+Ctrl+E 组合键，合并可见图层。按 Ctrl+S 组合键，弹出"存储为"对话框，将其命名为"促销海报背景"，保存为 JPEG 格式，单击"保存"按钮，弹出"JPEG 选项"对话框，单击"确定"按钮，将图像保存。

图 9-76   图 9-77   图 9-78

Illustrator 应用

9.1.4 添加其他信息

（1）打开 Illustrator 软件，按 Ctrl+N 组合键，新建一个 A4 文档。选择"文件 > 置入"命令，弹出"置入"对话框，选择光盘中的"Ch09 > 效果 > 促销招贴设计 > 促销招贴背景"文件，单击"置入"按钮，置入文件。单击属性栏中的"嵌入"按钮，嵌入图片，效果如图 9-79 所示。

（2）选择"选择"工具 ，选取图片。选择"窗口 > 对齐"命令，弹出"对齐"面板，将"对齐"选项设为"对齐画板"，单击"垂直居中对齐"按钮 和"水平居中对齐"按钮 ，如图 9-80 所示，居中对齐画板，效果如图 9-81 所示。

图 9-79   图 9-80   图 9-81

（3）选择"文字"工具 ，在适当的位置输入需要的文字，选择"选择"工具 ，在属性栏中选择合适的字体和文字大小，填充文字为白色，效果如图 9-82 所示。使用相同的方法添加其他文字，效果如图 9-83 所示。

（4）选择"文字"工具 $\boxed{T}$ ，分别选取需要的文字，设置填充颜色为淡蓝色（其 C、M、Y、K 的值分别为 51、6、0、0），填充文字，效果如图 9-84 所示。分别选取需要的文字，设置其填充颜色为黄色（其 C、M、Y、K 的值分别为 7、1、74、0），填充文字，效果如图 9-85 所示。

图 9-82

图 9-83

图 9-84

图 9-85

（5）选择"文字"工具 $\boxed{T}$ ，在适当的位置分别输入需要的文字，选择"选择"工具 $\boxed{\text{↖}}$ ，在属性栏中选择合适的字体和文字大小，填充文字为白色，效果如图 9-86 所示。

图 9-86

（6）选择"椭圆"工具 $\boxed{\text{○}}$ ，按住 Shift 键的同时，在适当的位置绘制出圆形。设置描边色为白色，在属性栏中将"描边粗细"选项设为 0.75pt，按 Enter 键确认操作，效果如图 9-87 所示。

（7）选择"选择"工具 $\boxed{\text{↖}}$ ，选取圆形。按 Ctrl+C 组合键，复制图形，按 Ctrl+F 组合键，原位粘贴图形。按住 Alt+Shift 组合键，等比例缩小图形。在属性栏中将"描边粗细"选项设为 0.75pt，按 Enter 键确认操作，效果如图 9-88 所示。

图 9-87

图 9-88

（8）选择"选择"工具 $\boxed{\text{↖}}$ ，按住 Shift 键的同时，将两个圆形同时选取。按住 Alt 键的同时，

多次将其拖曳到适当的位置，复制出多个图形，效果如图 9-89 所示。

图 9-89

9.1.5 制作宣传主体

（1）选择"钢笔"工具 ，在适当的位置绘制出图形，设置图形填充颜色为铁红色（其 C、M、Y、K 的值分别为 48、100、100、25），填充图形，并设置描边色为无，如图 9-90 所示。再绘制出一个图形，设置图形填充颜色为枣红色（其 C、M、Y、K 的值分别为 56、100、100、48），填充图形，并设置描边色为无，如图 9-91 所示。

图 9-90   图 9-91

（2）选择"选择"工具 ，选取图形，按 Ctrl+ [组合键，后移图形，效果如图 9-92 所示。使用相同的方法绘制其他图形，效果如图 9-93 所示。

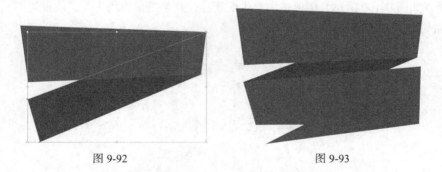

图 9-92   图 9-93

（3）选择"椭圆"工具 ，按住 Shift 键的同时，在适当的位置绘制出圆形，如图 9-94 所示。设置图形填充颜色为深红色（其 C、M、Y、K 的值分别为 0、100、100、48），填充图形，并设置描边色为无，如图 9-95 所示。选择"钢笔"工具 ，在适当的位置绘制图形，设置图形填充颜色为深红色（其 C、M、Y、K 的值分别为 0、100、100、48），填充图形，并设置描边色为无，如图 9-96 所示。

（4）选择"选择"工具 ，按住 Shift 键的同时，将需要的图形同时选取。按住 Alt 键的同时，将其拖曳到适当的位置复制图形，效果如图 9-97 所示。设置图形填充颜色为黄色（其 C、M、Y、K 的值分别为 0、0、100、0），填充图形，并设置描边色为无，如图 9-98 所示。选择"钢笔"工

具 ，在适当的位置绘制图形，填充为白色，并设置描边色为无，效果如图 9-99 所示。

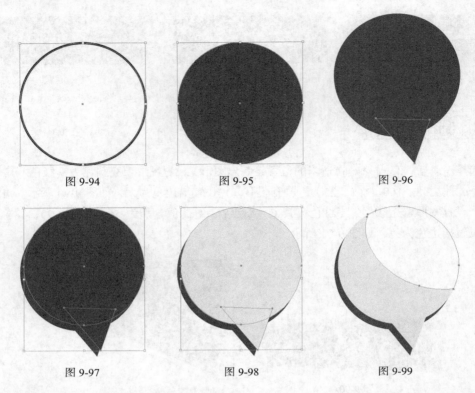

图 9-94

图 9-95

图 9-96

图 9-97

图 9-98

图 9-99

（5）选择"选择"工具 ，选取图形。按 Ctrl+C 组合键，复制图形，按 Ctrl+F 组合键，原位粘贴图形。双击"渐变"工具 ，弹出"渐变"控制面板，在色带上设置 2 个渐变滑块，分别将渐变滑块的位置设为 0、100，并设置 C、M、Y、K 的值分别为 0（0、0、0、0）、100（0、0、0、60），其他选项的设置如图 9-100 所示，图形被填充为渐变色，并设置描边色为无，效果如图 9-101 所示。按 Ctrl+X 组合键，剪切图形。

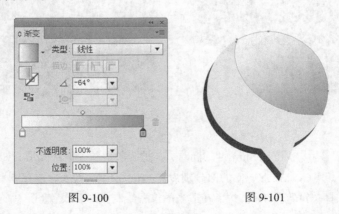

图 9-100

图 9-101

（6）选择"选择"工具 ，选取白色图形。选择"窗口 > 透明度"命令，弹出面板，如图 9-102 所示，单击"制作蒙版"按钮，为图形添加蒙版，如图 9-103 所示。单击选取右侧的蒙版，如图 9-104 所示。

图 9-102　　　　　　　　　　图 9-103　　　　　　　　　　图 9-104

（7）按 Ctrl+F 组合键，原位粘贴图形，如图 9-105 所示。单击选取左侧的图框，如图 9-106 所示。在面板上方将"不透明度"选项设为 67%，如图 9-107 所示，图形效果如图 9-108 所示。选择"文字"工具 [T]，在适当的位置输入需要的文字，选择"选择"工具 [▶]，在属性栏中选择合适的字体和文字大小，设置填充颜色为红色（其 C、M、Y、K 的值分别为 0、100、100、11），填充文字，效果如图 9-109 所示。

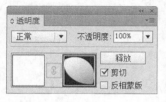

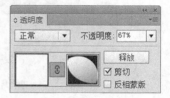

图 9-105　　　　　　　　　　图 9-106　　　　　　　　　　图 9-107

图 9-108　　　　　　　　　　图 9-109

（8）选择"窗口 > 文字 > 字符"命令，在弹出的面板中进行设置，如图 9-110 所示，按 Enter 键确认操作，效果如图 9-111 所示。选择"文字 > 创建轮廓"命令，创建文字轮廓，效果如图 9-112 所示。

图 9-110　　　　　　　　　　图 9-111　　　　　　　　　　图 9-112

（9）选择"文字"工具 [T]，在适当的位置输入需要的文字，选择"选择"工具 [▶]，在属性栏

201

中选择合适的字体和文字大小，设置文字填充颜色为黄色（其 C、M、Y、K 的值分别为 0、0、100、0），填充文字，效果如图 9-113 所示。按 Ctrl+C 组合键，复制文字。

（10）选取下方的文字，选择"文字 > 创建轮廓"命令，创建文字轮廓，效果如图 9-114 所示。单击工具栏中的"互换填充和描边"按钮，将填充颜色转换为描边颜色。在属性栏中将"描边粗细"选项设为 12pt，按 Enter 键，效果如图 9-115 所示。按 Ctrl+F 组合键，原位粘贴文字，设置文字填充颜色为红色（其 C、M、Y、K 的值分别为 0、100、100、11），填充文字，微移文字，效果如图 9-116 所示。

图 9-113　　　　　　　　　图 9-114

图 9-115　　　　　　　　　图 9-116

（11）选择"选择"工具，分别选取需要的图形和文字，并将其旋转到适当的角度，效果如图 9-117 所示。用圈选的方法将需要的图形和文字同时选取，按 Ctrl+G 组合键，群组图形，并将其拖曳到适当的位置，效果如图 9-118 所示。

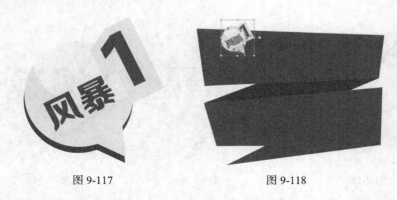

图 9-117　　　　　　　　　图 9-118

（12）使用相同的方法制作下方的图形和文字，效果如图 9-119 所示。选择"文字"工具，在适当的位置分别输入需要的文字，选择"选择"工具 ▲，在属性栏中选择合适的字体和文字大小，填充文字为白色，效果如图 9-120 所示。

（13）选择"选择"工具 ▲，按住 Shift 键的同时，将需要的文字同时选取，设置文字填充颜色为柠檬色（其 C、M、Y、K 的值分别为 0、0、70、0），填充文字，效果如图 9-121 所示。按住 Shift 键的同时，选取需要的文字，选择"倾斜"工具 ⬚，向上拖曳右侧中间的控制手柄到适当的位置，倾斜文字，效果如图 9-122 所示。

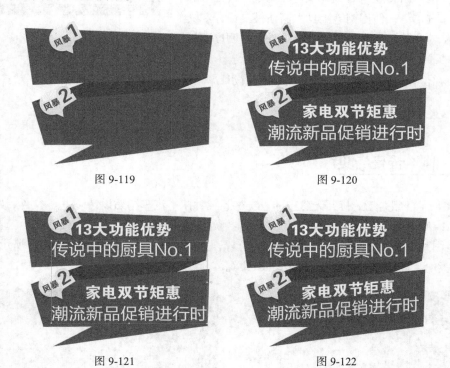

图 9-119   图 9-120

图 9-121   图 9-122

（14）选择"选择"工具 ▲，用圈选的方法将需要的图形和文字同时选取，如图 9-123 所示，然后将其拖曳到适当的位置，效果如图 9-124 所示。至此，促销招贴制作完成。

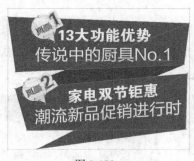

图 9-123   图 9-124

9.2 汽车招贴设计

【案例学习目标】学习在 Photoshop 中使用图层面板、滤镜命令和画笔工具制作宣传背景效果。

在 Illustrator 中使用绘图工具、文字工具和字符面板制作宣传语和其他宣传信息。

【案例知识要点】在 Photoshop 中，使用图层面板制作背景效果；使用变换工具、动感模糊滤镜命令、图层蒙版和画笔工具制作汽车阴影；使用色相/饱和度调整层调整汽车阴影颜色。在 Illustrator 中，使用文本工具、字符面板和倾斜工具制作宣传语；使用钢笔工具、高斯模糊命令和文本工具绘制标签；使用钢笔工具、混合工具和透明度面板制作装饰图形。汽车招贴设计效果如图 9-125 所示。

图 9-125

【效果所在位置】光盘/Ch09/效果/汽车招贴设计/汽车招贴.ai。

Photoshop 应用

9.2.1 制作背景效果

（1）按 Ctrl + O 组合键，打开光盘中的"Ch09 > 素材 > 汽车招贴设计 > 01"文件，如图 9-126 所示。按 Ctrl + O 组合键，打开光盘中的"Ch09 > 素材 > 汽车招贴设计 > 02"文件，选择"移动"工具，将图片拖曳到 01 图像窗口中适当的位置，并调整其大小，效果如图 9-127 所示，在"图层"控制面板中生成新图层并将其命名为"城市"。

图 9-126

图 9-127

（2）选择"移动"工具，按住 Alt 键的同时，拖曳图片到适当的位置复制图片，效果如图 9-128 所示，在"图层"控制面板中生成新的拷贝图层。按 Ctrl+T 组合键，在图像周围出现变换框，单击鼠标右键，在弹出的菜单中选择"水平翻转"命令，水平翻转图像，按 Enter 键确定操作，效果如图 9-129 所示。

图 9-128

图 9-129

（3）按 Ctrl + O 组合键，打开光盘中的"Ch09 > 素材 > 汽车招贴设计 > 03"文件，选择"移动"工具，将图片拖曳到图像窗口中适当的位置，并调整其大小，效果如图 9-130 所示，在"图层"控制面板中生成新图层并将其命名为"雾"。在控制面板上方，将该图层的"不透明度"选项设为 50%，如图 9-131 所示，图像效果如图 9-132 所示。

（4）按 Ctrl + O 组合键，打开光盘中的"Ch09 > 素材 > 汽车招贴设计 > 04"文件，选择"移动"工具，将图片拖曳到图像窗口中适当的位置，并调整其大小，效果如图 9-133 所示，在"图层"控制面板中生成新图层并将其命名为"车"。

图 9-130

图 9-131

图 9-132

图 9-133

9.2.2　制作汽车阴影

（1）将"车"图层拖曳到"图层"控制面板下方的"创建新图层"按钮上进行复制，生成新的图层"车 拷贝"，如图 9-134 所示。按 Ctrl+T 组合键，在图像周围出现变换框，单击鼠标右键，在弹出的菜单中选择"垂直翻转"命令，垂直翻转图像，然后将其拖曳到适当的位置，按 Enter 键确定操作，效果如图 9-135 所示。

图 9-134

图 9-135

（2）在"图层"控制面板中，将"车 拷贝"图层拖曳到"车"图层的下方，如图 9-136 所示，图像效果如图 9-137 所示。

图 9-136   图 9-137

（3）选择"滤镜 > 模糊 > 动感模糊"命令，在弹出的对话框中进行设置，如图 9-138 所示，单击"确定"按钮，效果如图 9-139 所示。

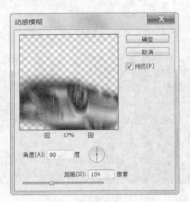

图 9-138   图 9-139

（4）单击"图层"控制面板下方的"添加图层蒙版"按钮 ◙，为"车 拷贝"图层添加图层蒙版，如图 9-140 所示。将前景色设为黑色。选择"画笔"工具 ✎，在属性栏中单击"画笔"选项右侧的按钮 ，在弹出的面板中选择需要的画笔形状，将"大小"选项设为 400 像素，如图 9-141 所示。在图像窗口中拖曳鼠标擦除不需要的图像，效果如图 9-142 所示。

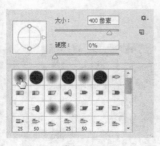

图 9-140   图 9-141   图 9-142

（5）单击"图层"控制面板下方的"创建新的填充或调整图层"按钮 ◐，在弹出的菜单中选择"色相/饱和度"命令,在"图层"控制面板中生成"色相/饱和度 1"图层,同时在弹出的"色相/饱和度"面板中进行设置,保持下方的"此调整剪切到此图层"按钮 处于选取状态,如图 9-143 所示,按 Enter 键确认操作,图像效果如图 9-144 所示。

图 9-143   图 9-144

（6）按 Ctrl + O 组合键,打开光盘中的"Ch09 > 素材 > 汽车招贴设计 > 05"文件,选择"移动"工具 ,将图片拖曳到图像窗口中适当的位置,并调整其大小,效果如图 9-145 所示,在"图层"控制面板中生成新图层并将其命名为"水"。在控制面板上方,将该图层的混合模式选项设为"滤色",如图 9-146 所示,图像效果如图 9-147 所示。

图 9-145   图 9-146

图 9-147

（7）单击"图层"控制面板下方的"添加图层蒙版"按钮 ,为"车 拷贝"图层添加图层蒙版,如图 9-148 所示。将前景色设为黑色。选择"画笔"工具 ,在属性栏中单击"画笔"选项右

侧的按钮 ，在弹出的面板中选择需要的画笔形状，如图 9-149 所示。在图像窗口中拖曳鼠标擦除不需要的图像，效果如图 9-150 所示。

（8）按 Shift+Ctrl+E 组合键，合并可见图层。按 Ctrl+S 组合键，弹出"存储为"对话框，将其命名为"汽车海报背景"，保存为 JPEG 格式，单击"保存"按钮，弹出"JPEG 选项"对话框，单击"确定"按钮，将图像保存。

图 9-148

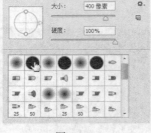
图 9-149

图 9-150

Illustrator 应用

9.2.3　制作宣传语

（1）打开 Illustrator 软件，按 Ctrl+N 组合键，新建一个文档，宽度为 285mm，高度为 169.4mm，颜色模式为 CMYK，单击"确定"按钮。选择"文件 > 置入"命令，弹出"置入"对话框，选择光盘中的"Ch09 > 效果 > 汽车招贴设计 > 汽车招贴背景"文件，单击"置入"按钮，置入文件。单击属性栏中的"嵌入"按钮，嵌入图片，效果如图 9-151 所示。

（2）选择"选择"工具 ，选取图片。选择"窗口 > 对齐"命令，弹出"对齐"面板，将"对齐"选项设为"对齐画板"，单击"垂直居中对齐"按钮 和"水平居中对齐"按钮 ，居中对齐画板，效果如图 9-152 所示。

图 9-151

图 9-152

（3）选择"文字"工具 ，在适当的位置分别输入需要的文字，选择"选择"工具 ，将输入的文字同时选取，在属性栏中选择合适的字体和文字大小，填充文字为白色，效果如图 9-153 所示。选择"窗口 > 文字 > 字符"命令，在弹出的面板中进行设置，如图 9-154 所示，按 Enter 键确认操作，效果如图 9-155 所示。选择"倾斜"工具 ，向右拖曳上方的中间的控制手柄到适当的位置，效果如图 9-156 所示。

图 9-153

图 9-154

图 9-155

图 9-156

（4）选择"文件 > 置入"命令，弹出"置入"对话框，选择光盘中的"Ch09 > 素材 >汽车招贴设计 > 06"文件，单击"置入"按钮，置入文件。选择"选择"工具 ，选取图片，单击属性栏中的"嵌入"按钮，嵌入图片，效果如图 9-157 所示。

图 9-157

9.2.4 制作标签

（1）选择"圆角矩形"工具 ，在适当的位置单击鼠标，在弹出的对话框中进行设置，如图 9-158 所示，单击"确定"按钮，效果如图 9-159 所示。

图 9-158

图 9-159

209

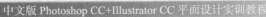

（2）双击"渐变"工具 ，弹出"渐变"控制面板，在色带上设置 2 个渐变滑块，分别将渐变滑块的位置设为 0、100，并设置 C、M、Y、K 的值分别为 0（0、0、0、0）、100（21、16、15、0），其他选项的设置如图 9-160 所示，图形被填充为渐变色，并设置描边色为无，效果如图 9-161 所示。

图 9-160 图 9-161

（3）选择"钢笔"工具 ，在适当的位置绘制图形，如图 9-162 所示。双击"渐变"工具 ，弹出"渐变"控制面板，在色带上设置 2 个渐变滑块，分别将渐变滑块的位置设为 0、95，并设置 C、M、Y、K 的值分别为 0（0、100、90、0）、95（0、100、100、30），其他选项的设置如图 9-163 所示，图形被填充为渐变色，并设置描边色为无，效果如图 9-164 所示。

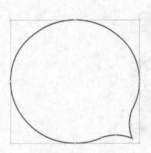

图 9-162 图 9-163 图 9-164

（4）选择"选择"工具 ，按住 Alt 键的同时，拖曳图形到适当的位置复制图形，填充为黑色，效果如图 9-165 所示。选择"效果 > 模糊 > 高斯模糊"命令，在弹出的对话框中进行设置，如图 9-166 所示，单击"确定"按钮，效果如图 9-167 所示。

（5）选择"窗口 > 透明度"命令，在弹出的面板中进行设置，如图 9-168 所示，图形效果如图 9-169 所示。按 Ctrl+[组合键，后移图形，效果如图 9-170 所示。

图 9-165 图 9-166 图 9-167

图 9-168　　　　　　　　　　图 9-169　　　　　　　　　　图 9-170

（6）选择"文字"工具 T，在适当的位置分别输入需要的文字，选择"选择"工具 ，将输入的文字同时选取，在属性栏中选择合适的字体和文字大小，填充文字为白色，效果如图 9-171 所示。在"字符"面板中进行设置，如图 9-172 所示，按 Enter 键确认操作，文字效果如图 9-173 所示。

图 9-171　　　　　　　　　　图 9-172　　　　　　　　　　图 9-173

（7）选择"选择"工具 ，选取需要的文字，在"字符"面板中进行设置，如图 9-174 所示，按 Enter 键确认操作，文字效果如图 9-175 所示。用圈选的方法将需要的图形和文字同时选取，并将其拖曳到适当的位置，效果如图 9-176 所示。

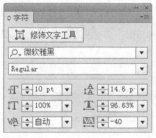

图 9-174　　　　　　　　　　图 9-175　　　　　　　　　　图 9-176

9.2.5　添加其他信息

（1）选择"钢笔"工具 ，在适当的位置绘制图形，如图 9-177 所示。将图形填充为黑色，并设置描边色为无，效果如图 9-178 所示。

（2）选择"选择"工具 ，按住 Alt 键的同时，拖曳图形到适当的位置复制图形，效果如图 9-179 所示。选择"镜像"工具 ，向右拖曳鼠标镜像图形，效果如图 9-180 所示。用圈选的方法将需要的图形同时选取，按 Ctrl+G 组合键，群组图形，按 Ctrl+C 组合键，复制图形。

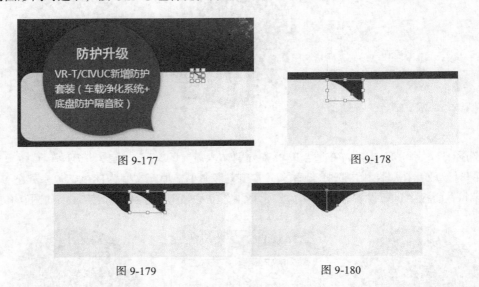

图 9-177　　　　　　　　　　　　　　　　图 9-178

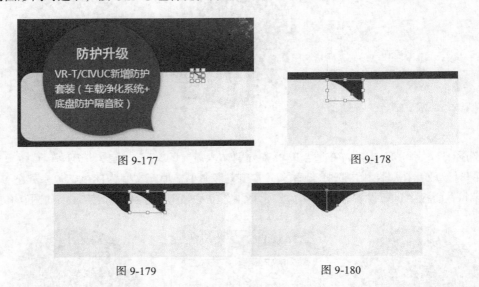

图 9-179　　　　　　　　　　　　　　　　图 9-180

（3）选择"钢笔"工具 ，在适当的位置绘制图形，填充为黑色，并设置描边色为无，效果如图 9-181 所示。选择"选择"工具 ，按住 Alt 键的同时，拖曳图形到适当的位置复制图形。选择"镜像"工具 ，向右拖曳鼠标镜像图形，效果如图 9-182 所示。

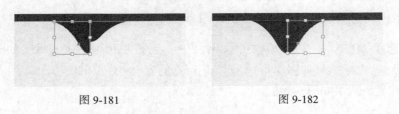

图 9-181　　　　　　　　　　　　　　　　图 9-182

（4）选择"选择"工具 ，用圈选的方法将需要的图形同时选取，按 Ctrl+G 组合键，群组图形。按 Ctrl+[组合键，后移图形，如图 9-183 所示。在"透明度"面板中将"不透明度"选项设为 0，如图 9-184 所示，图形效果如图 9-185 所示。

图 9-183　　　　　　　　图 9-184　　　　　　　　图 9-185

（5）选择"混合"工具 ，在两个群组图形间单击添加混合效果。选择"对象 > 混合 > 混合选项"命令，在弹出的对话框中进行设置，如图 9-186 所示，单击"确定"按钮，效果如图 9-187 所示。

（6）在"透明度"面板中将"不透明度"选项设为 51%，如图 9-188 所示，图形效果如图 9-189 所示。

（7）按 Ctrl+F 组合键，原位粘贴图形。双击"渐变"工具 ，弹出"渐变"控制面板，在色带上设置 6 个渐变滑块，分别将渐变滑块的位置设为 0、30、79、83、89、100，并设置 C、M、Y、K 的值分别为 0（7、95、88、0）、30（0、96、94、0）、79（49、100、100、28）、83（35、100、

100、2）、89（0、51、24、0）、100（0、96、94、0），其他选项的设置如图 9-190 所示，图形被填充为渐变色，并设置描边色为无，效果如图 9-191 所示。

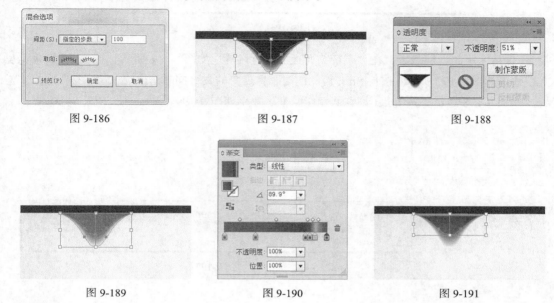

图 9-186　　　　　　　　　　图 9-187　　　　　　　　　　图 9-188

图 9-189　　　　　　　　　　图 9-190　　　　　　　　　　图 9-191

（8）选择"选择"工具 ，按住 Shift 键的同时，将需要的图形同时选取。按住 Alt 键的同时，拖曳图形到适当的位置复制图形，如图 9-192 所示。使用相同的方法复制其他图形，效果如图 9-193 所示。

图 9-192

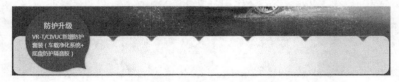

图 9-193

（9）选择"文字"工具 ，在适当的位置分别输入需要的文字，选择"选择"工具 ，在属性栏中选择合适的字体和文字大小，选中"居中对齐"按钮 ，效果如图 9-194 所示。按住 Shift 键的同时，将需要的文字同时选取，设置填充颜色为红色（其 C、M、Y、K 的值分别为 0、100、90、0），填充文字，效果如图 9-195 所示。

图 9-194

图 9-195

（10）保持文字的选取状态，在"字符"面板中进行设置，如图 9-196 所示，按 Enter 键确认操作，文字效果如图 9-197 所示。按住 Shift 键的同时，将需要的文字同时选取。在"字符"面板中进行设置，如图 9-198 所示，按 Enter 键确认操作，文字效果如图 9-199 所示。

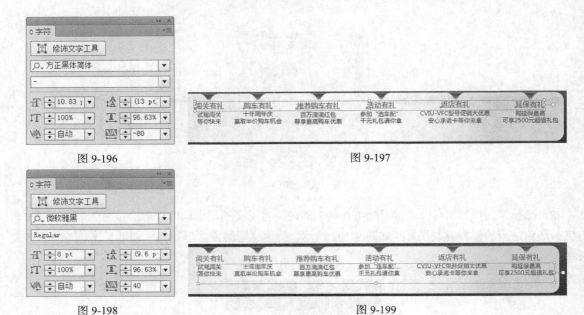

图 9-196

图 9-197

图 9-198

图 9-199

（11）选择"文件 > 置入"命令，弹出"置入"对话框，选择光盘中的"Ch09 > 素材 >汽车招贴设计 > 07"文件，单击"置入"按钮，置入文件。选择"选择"工具 ，选取图片，单击属性栏中的"嵌入"按钮，嵌入图片，效果如图 9-200 所示。

图 9-200

（12）选择"矩形"工具 ，在适当的位置绘制出矩形。双击"渐变"工具 ，弹出"渐变"控制面板，在色带上设置 2 个渐变滑块，分别将渐变滑块的位置设为 0、100，并设置 C、M、Y、K 的值分别为 0（2、1、1、0）、95（21、16、15、0），其他选项的设置如图 9-201 所示，图形被填充为渐变色，并设置描边色为无，效果如图 9-202 所示。

（13）选择"选择"工具 ，按住 Alt 键的同时，拖曳图形到适当的位置复制图形，如图 9-203 所示。使用相同的方法复制其他图形，效果如图 9-204 所示。

图 9-201

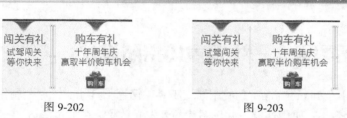

图 9-202　　　　　　　　　图 9-203

图 9-204

（14）选择"文字"工具 T，在适当的位置分别输入需要的文字，选择"选择"工具 ，将输入的文字同时选取，在属性栏中选择合适的字体和文字大小，填充文字为白色，效果如图 9-205 所示。

图 9-205

（15）选取需要的文字，在"字符"面板中进行设置，如图 9-206 所示，按 Enter 键确认操作，文字效果如图 9-207 所示。选取需要的文字，在"字符"面板中进行设置，如图 9-208 所示，按 Enter 键确认操作，文字效果如图 9-209 所示。至此，汽车招贴设计制作完成，效果如图 9-210 所示。

图 9-206　　　　　　　　图 9-207　　　　　　　　图 9-208

图 9-209　　　　　　　　　　　　　　图 9-210

215

9.3 课后习题——牛奶宣传招贴设计

　　【习题知识要点】在 Photoshop 中，使用渐变工具、钢笔工具和滤镜命令制作背景；使用添加图层蒙版命令制作图片效果；使用外发光制作图片的外发光效果。在 Illustrator 中，使用文字工具、编辑路径工具和描边制作面板制作宣传标语；使用文字工具添加其他内容文字。牛奶宣传招贴设计效果如图 9-211 所示。

　　【效果所在位置】光盘/Ch09/效果/牛奶宣传招贴设计/牛奶宣传招贴.ai。

图 9-211

第10章
宣传册设计

宣传册可以起到有效宣传企业或产品的作用，能够提高企业的知名度和产品的认知度。本章通过旅游宣传册的封面及内页设计流程，介绍如何把握整体风格，设定设计细节，并详细地讲解了宣传册封面、内页设计的制作方法和设计技巧。

课堂学习目标

- 在 Photoshop 软件中制作宣传册封面底图
- 在 Illustrator 软件中制作宣传册封面及内页

10.1 旅游宣传册封面设计

【案例学习目标】在 Photoshop 中，学习使用图层面板、色阶、滤镜库命令制作旅游宣传册封面底图。在 Illustrator 中，学习使用文字工具、倾斜工具、绘图工具和字符面板添加标题及其他相关信息。

【案例知识要点】在 Photoshop 中，使用添加图层蒙版按钮、渐变工具制作图片渐隐效果；使用色阶命令调整图片颜色；使用文理化滤镜命令为图片添加文理化效果。在 Illustrator 中，使用参考线分割页面；使用文字工具、倾斜工具制作标题文字；使用矩形工具和创建剪切蒙版命令为图片添加剪切蒙版效果；使用文字工具、字形命令、字符面板和段落面板添加并编辑文字。旅游宣传册封面设计效果如图 10-1 所示。

【效果所在位置】光盘/Ch10/效果/旅游宣传册封面设计/旅游宣传册封面.ai。

图 10-1

Photoshop 应用

10.1.1 制作宣传册封面底图

（1）按 Ctrl + N 组合键，新建一个文件，宽度为 44cm，高度为 28cm，分辨率为 150 像素/英寸，颜色模式为 RGB，背景内容为白色。

（2）选择"视图 > 新建参考线"命令，在弹出的对话框中进行设置，如图 10-2 所示，单击"确定"按钮，效果如图 10-3 所示。

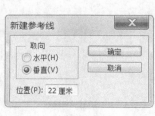

图 10-2

图 10-3

（3）按 Ctrl + O 组合键，打开光盘中的"Ch10 > 素材 > 旅游宣传册封面设计 > 01"文件，选择"移动"工具，将图片拖曳到图像窗口中适当的位置并调整其大小，如图 10-4 所示。在"图层"控制面板中生成新的图层并将其命名为"图片 1"。

（4）单击"图层"控制面板下方的"添加图层蒙版"按钮，为"图片 1"图层添加图层蒙版，如图 10-5 所示。选择"渐变"工具，单击属性栏中的"点按可编辑渐变"按钮，弹出"渐变编辑器"对话框，将渐变色设为黑色到白色，在图像窗口中拖曳渐变色，松开鼠标左键，效果如图 10-6 所示。

图 10-4　　　　　　　　　　图 10-5　　　　　　　　　　图 10-6

（5）单击"图层"控制面板下方的"创建新的填充或调整图层"按钮，在弹出的菜单中选择"色阶"命令，在"图层"控制面板中生成"色阶 1"图层，同时在弹出的"色阶"面板中进行设置，如图 10-7 所示，按 Enter 键，效果如图 10-8 所示。

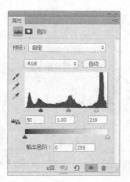

图 10-7　　　　　　　　　　　　　　图 10-8

（6）按 Ctrl + O 组合键，打开光盘中的"Ch10 > 素材 > 旅游宣传册封面设计 > 02"文件，选择"移动"工具，将图片拖曳到图像窗口中适当的位置并调整其大小，如图 10-9 所示。在"图层"控制面板中生成新的图层并将其命名为"图片 2"。

（7）单击"图层"控制面板下方的"添加图层蒙版"按钮，为"图片 2"图层添加图层蒙版，如图 10-10 所示。选择"渐变"工具，在图像窗口中拖曳渐变色，松开鼠标左键，效果如图 10-11 所示。

图 10-9　　　　　　　　　　图 10-10　　　　　　　　　　图 10-11

（8）选择"滤镜 > 滤镜库"命令，在弹出的对话框中进行设置，如图 10-12 所示，单击"确定"按钮，效果如图 10-13 所示。

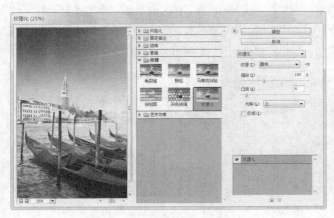

图 10-12

图 10-13

（9）新建图层并将其命名为"颜色"。将前景色设为天蓝色（其 R、G、B 的值分别为 50、237、249），按 Alt+Delete 组合键，用前景色填充"颜色"图层，效果如图 10-14 所示。在"图层"控制面板上方，将"颜色"图层的混合模式选项设为"正片叠底"，"不透明度"选项设为 13%，如图 10-15 所示，图像效果如图 10-16 所示。

图 10-14　　　　　　　图 10-15　　　　　　　图 10-16

（10）至此，旅游宣传册封面底图制作完成。按 Ctrl+；组合键，隐藏参考线。按 Shift+Ctrl+E 组合键，合并可见图层。按 Ctrl+S 组合键，弹出"存储为"对话框，将其命名为"旅游宣传册封面底图"，保存为 JPEG 格式，单击"保存"按钮，弹出"JPEG 选项"对话框，单击"确定"按钮，将图像保存。

Illustrator 应用

10.1.2　添加标题文字和装饰图形

（1）打开 Illustrator 软件，按 Ctrl+N 组合键，新建一个文档，设置文档的宽度为 434mm，高度为 274mm，取向为横向，颜色模式为 CMYK，单击"确定"按钮。

（2）按 Ctrl+R 组合键，显示标尺。选择"选择"工具，在页面中拖曳一条垂直参考线，选择"窗口 > 变换"命令，弹出"变换"面板，将"X"轴选项设为 217mm，如图 10-17 所示，按

Enter 键确认操作，效果如图 10-18 所示。

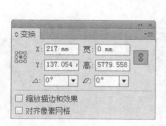

图 10-17

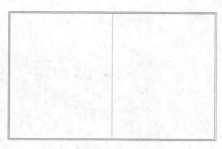

图 10-18

（3）选择"文件 > 置入"命令，弹出"置入"对话框，选择光盘中的"Ch10 > 效果 > 旅游宣传册封面设计 > 旅游宣传册封面底图"文件，单击"置入"按钮，将图片置入页面中，单击属性栏中的"嵌入"按钮，嵌入图片。选择"选择"工具▶，拖曳图片到适当的位置，效果如图 10-19 所示。

（4）选择"文字"工具 T，在适当的位置分别输入需要的文字，选择"选择"工具▶，在属性栏中分别选择合适的字体并设置文字大小。将输入的文字同时选取，填充文字为白色，效果如图 10-20 所示。

图 10-19

图 10-20

（5）选择"选择"工具▶，分别选取文字"惊喜""世界游"，按 Alt+ ←组合键，调整文字间距，效果如图 10-21 所示。按住 Shift 键的同时，依次单击选取需要的文字，填充描边为白色并设置文字颜色为蓝色（其 C、M、Y、K 的值分别为 100、65、0、0），填充文字，效果如图 10-22 所示。

图 10-21

图 10-22

（6）选择"选择"工具▶，按住 Shift 键的同时，将输入的文字同时选取，双击"倾斜"工具 ⬚，弹出"倾斜"对话框，选项的设置如图 10-23 所示，单击"确定"按钮，效果如图 10-24 所示。

（7）选择"直线段"工具 ╱，在适当的位置绘制一条斜线，填充描边为白色，在属性栏中将"描边粗细"选项设为 1.5pt，按 Enter 键，效果如图 10-25 所示。

图 10-23

图 10-24

图 10-25

（8）选择"钢笔"工具，在适当的位置绘制出一个不规则图形，如图 10-26 所示。设置图形填充颜色为深蓝色（其 C、M、Y、K 的值分别为 100、75、40、0），填充图形，并设置描边色为无，效果如图 10-27 所示。

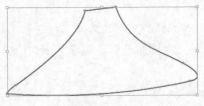

图 10-26

图 10-27

（9）选择"钢笔"工具，在适当的位置绘制出一个不规则图形，设置图形填充颜色为浅蓝色（其 C、M、Y、K 的值分别为 15、0、0、0），填充图形，并设置描边色为无，效果如图 10-28 所示。

（10）选择"选择"工具，选取图形，按 Ctrl+C 组合键，复制图形，按 Ctrl+B 组合键，将复制的图形粘贴到后面，填充图形为黑色，按向下方向键微调图形位置，效果如图 10-29 所示。

图 10-28

图 10-29

（11）选择"选择"工具，用圈选的方法将所绘制的图形同时选取，并将其拖曳到页面中适当的位置，效果如图 10-30 所示。连续按 Ctrl+ [组合键，向后移动图形到适当的位置，效果如图 10-31 所示。

图 10-30

图 10-31

10.1.3　添加并编辑图片

（1）选择"矩形"工具 ▢，在适当的位置拖曳鼠标绘制出一个矩形，如图 10-32 所示。选择"选择"工具 ▶，按住 Alt+Shift 组合键的同时，水平向右拖曳矩形到适当的位置，复制矩形，效果如图 10-33 所示。按 Ctrl+D 组合键，再复制出一个矩形，效果如图 10-34 所示。

（2）选择"选择"工具 ▶，按住 Shift 键的同时，依次单击原矩形将其同时选取，按住 Alt 键的同时，向下拖曳图形到适当的位置复制图形，效果如图 10-35 所示。

图 10-32

图 10-33

图 10-34

图 10-35

（3）选择"文件 > 置入"命令，弹出"置入"对话框，选择光盘中的"Ch10 > 素材 > 旅游宣传册封面设计 > 01"文件，单击"置入"按钮，将图片置入页面中，单击属性栏中的"嵌入"按钮，嵌入图片。选择"选择"工具 ▶，拖曳图片到适当的位置并调整其大小，效果如图 10-36 所示。连续按 Ctrl+ [组合键，向后移动图片到适当的位置，效果如图 10-37 所示。

图 10-36

图 10-37

（4）选择"选择"工具 ▶，按住 Shift 键的同时，单击上方矩形将其同时选取，如图 10-38 所示。按 Ctrl+7 组合键，建立剪切蒙版，效果如图 10-39 所示。使用相同的方法置入其他图片并制作如图 10-40 所示的效果。

图 10-38　　　　　　　　　　图 10-39　　　　　　　　　　图 10-40

（5）选择"选择"工具，按住 Shift 键的同时，将所有图片同时选取，如图 10-41 所示，双击"倾斜"工具，弹出"倾斜"对话框，选项的设置如图 10-42 所示，单击"确定"按钮，效果如图 10-43 所示。

图 10-41　　　　　　　　　　图 10-42　　　　　　　　　　图 10-43

（6）选择"窗口 > 符号库 > 地图"命令，弹出"地图"面板，选择需要的符号，如图 10-44 所示，拖曳符号到适当的位置并调整其大小，效果如图 10-45 所示。

（7）选择"选择"工具，在符号图形上单击鼠标右键，在弹出的菜单中选择"断开符号链接"命令，填充图形为白色，效果如图 10-46 所示。

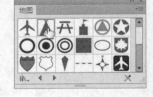

图 10-44

（8）选择"文字"工具，在适当的位置分别输入需要的文字，选择"选择"工具，在属性栏中分别选择合适的字体并设置文字大小，填充文字为白色，按 Alt+ → 组合键，调整文字间距，效果如图 10-47 所示。

图 10-45　　　　　　　　　　图 10-46　　　　　　　　　　图 10-47

10.1.4　制作封底效果

（1）选择"圆角矩形"工具 ，在页面中单击鼠标左键，弹出"圆角矩形"对话框，选项的设置如图 10-48 所示，单击"确定"按钮，得到一个圆角矩形。选择"选择"工具 ，拖曳圆角矩形到适当的位置，填充描边为白色，在属性栏中将"描边粗细"选项设为 1.5pt，按 Enter 键，效果如图 10-49 所示。

图 10-48　　　　　　　　　　　　　　　　　图 10-49

（2）选择"文字"工具 T ，在适当的位置输入需要的文字，选择"选择"工具 ，在属性栏中选择合适的字体并设置文字大小，填充文字为白色，效果如图 10-50 所示。

（3）按 Ctrl+T 组合键，弹出"字符"控制面板，将"设置行距"选项 设为 21pt，其他选项的设置如图 10-51 所示，按 Enter 键，效果如图 10-52 所示。

图 10-50　　　　　　　　　图 10-51　　　　　　　　　图 10-52

（4）选择"文字"工具 T ，在适当的位置单击插入光标，如图 10-53 所示。选择"文字 > 字形"命令，在弹出的"字形"面板中按需要进行设置并选择需要的字形，如图 10-54 所示，双击鼠标左键插入字形，效果如图 10-55 所示。

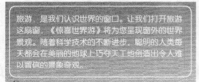

图 10-53　　　　　　　　　图 10-54　　　　　　　　　图 10-55

225

（5）按 Ctrl+Alt+T 组合键，弹出"段落"控制面板，将"首行左缩进"选项⁺≣设为 28pt，其他选项的设置如图 10-56 所示，按 Enter 键，效果如图 10-57 所示。至此，旅游宣传册封面制作完成，效果如图 10-58 所示。

图 10-56

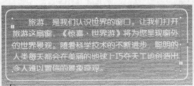
图 10-57

图 10-58

（6）按 Ctrl+R 组合键，隐藏标尺。按 Ctrl+; 组合键，隐藏参考线。按 Ctrl+S 组合键，弹出"存储为"对话框，将其命名为"旅游宣传册封面"，保存为 AI 格式，单击"保存"按钮，将文件保存。

10.2　旅游宣传册内页 1

【案例学习目标】学习置入命令、建立剪切蒙版命令、文字工具和字符面板制作宣传册内页 1。

【案例知识要点】使用矩形工具、创建剪切蒙版命令为图片添加剪切蒙版效果；使用文字工具、字符面板和段落面板制作内页标题和内容文字，旅游宣传册内页 1 效果如图 10-59 所示。

【效果所在位置】光盘/Ch10/效果/旅游宣传册内页1.ai。

图 10-59

（1）打开 Illustrator 软件，按 Ctrl+N 组合键，新建一个文档，设置文档的宽度为 434mm，高度为 274mm，取向为横向，颜色模式为 CMYK，单击"确定"按钮。

（2）按 Ctrl+R 组合键，显示标尺。选择"选择"工具 ▶，在页面中拖曳一条垂直参考线，选择"窗口 > 变换"命令，弹出"变换"面板，将"X"轴选项设为 217mm，如图 10-60 所示，按 Enter 键确认操作，效果如图 10-61 所示。

图 10-60

图 10-61

（3）选择"文件 > 置入"命令，弹出"置入"对话框，选择光盘中的"Ch10 > 素材 >旅游宣传册内页 1 > 01"文件,单击"置入"按钮,将图片置入页面中,单击属性栏中的"嵌入"按钮,嵌入图片。选择"选择"工具 ,拖曳图片到适当的位置并调整其大小,效果如图 10-62 所示。选择"矩形"工具 ,在适当的位置绘制出一个矩形,如图 10-63 所示。

图 10-62　　　　　　　　　　　　　　　　　图 10-63

(4)选择"选择"工具 ,按住 Shift 键的同时,单击下方的图片将其同时选取。按 Ctrl+7 组合键,建立剪切蒙版,效果如图 10-64 所示。

(5)选择"文字"工具 T ,在适当的位置输入需要的文字,选择"选择"工具 ,在属性栏中选择合适的字体并设置文字大小,填充文字为白色,效果如图 10-65 所示。

图 10-64　　　　　　　　　　　　　　　　　图 10-65

(6)选择"文字"工具 T ,在适当的位置分别输入需要的文字,选择"选择"工具 ,在属性栏中分别选择合适的字体并设置文字大小,效果如图 10-66 所示。选取需要的文字,设置文字为紫色(其 C、M、Y、K 的值分别为 55、100、0、0),填充文字,效果如图 10-67 所示。

图 10-66　　　　　　　　　　　　　　　　　图 10-67

(7)选取下方文字,按 Ctrl+T 组合键,弹出"字符"控制面板,将"设置行距"选项 设为 18pt,其他选项的设置如图 10-68 所示,按 Enter 键,效果如图 10-69 所示。

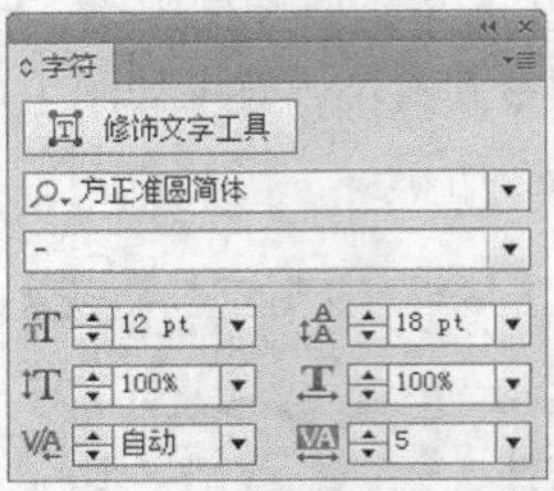

图 10-68 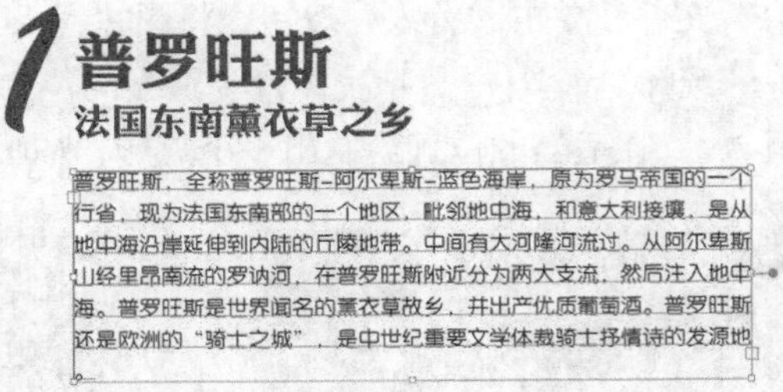　　　　　　　　　　　　　　图 10-69

（8）按 Ctrl+Alt+T 组合键，弹出"段落"控制面板，将"首行左缩进"选项 设为 24pt，其他选项的设置如图 10-70 所示，按 Enter 键，效果如图 10-71 所示。

图 10-70 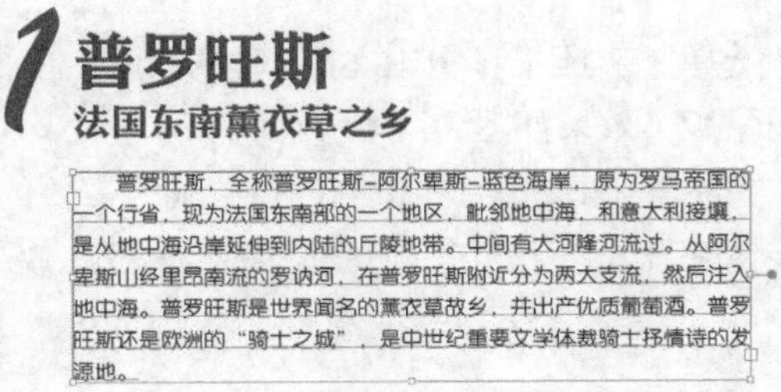　　　　　　　　　　　　　　图 10-71

（9）选择"矩形"工具 ，在适当的位置拖曳鼠标绘制出一个矩形，如图 10-72 所示。选择"选择"工具 ，按住 Alt+Shift 组合键的同时，水平向右拖曳矩形到适当的位置复制出矩形，效果如图 10-73 所示。连续按 Ctrl+D 组合键，再复制出多个矩形，效果如图 10-74 所示。使用相同的方法制作其他矩形，效果如图 10-75 所示。

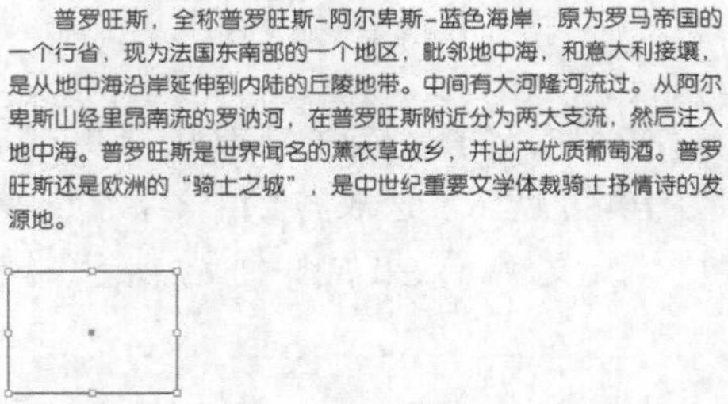

普罗旺斯，全称普罗旺斯–阿尔卑斯–蓝色海岸，原为罗马帝国的一个行省，现为法国东南部的一个地区，毗邻地中海，和意大利接壤，是从地中海沿岸延伸到内陆的丘陵地带。中间有大河隆河流过。从阿尔卑斯山经里昂南流的罗讷河，在普罗旺斯附近分为两大支流，然后注入地中海。普罗旺斯是世界闻名的薰衣草故乡，并出产优质葡萄酒。普罗旺斯还是欧洲的"骑士之城"，是中世纪重要文学体裁骑士抒情诗的发源地。

图 10-72

普罗旺斯，全称普罗旺斯–阿尔卑斯–蓝色海岸，原为罗马帝国的一个行省，现为法国东南部的一个地区，毗邻地中海，和意大利接壤，是从地中海沿岸延伸到内陆的丘陵地带。中间有大河隆河流过。从阿尔卑斯山经里昂南流的罗讷河，在普罗旺斯附近分为两大支流，然后注入地中海。普罗旺斯是世界闻名的薰衣草故乡，并出产优质葡萄酒。普罗旺斯还是欧洲的"骑士之城"，是中世纪重要文学体裁骑士抒情诗的发源地。

图 10-73

普罗旺斯，全称普罗旺斯–阿尔卑斯–蓝色海岸，原为罗马帝国的一个行省，现为法国东南部的一个地区，毗邻地中海，和意大利接壤，是从地中海沿岸延伸到内陆的丘陵地带。中间有大河隆河流过。从阿尔卑斯山经里昂南流的罗讷河，在普罗旺斯附近分为两大支流，然后注入地中海。普罗旺斯是世界闻名的薰衣草故乡，并出产优质葡萄酒。普罗旺斯还是欧洲的"骑士之城"，是中世纪重要文学体裁骑士抒情诗的发源地。

图 10-74

图 10-75

（10）选择"文件 > 置入"命令，弹出"置入"对话框，选择光盘中的"Ch10 > 素材 > 旅游宣传册内页 1 > 02"文件，单击"置入"按钮，将图片置入页面中，单击属性栏中的"嵌入"按钮，嵌入图片。选择"选择"工具，拖曳图片到适当的位置并调整其大小，效果如图 10-76 所示。连续按 Ctrl+ [组合键，向后移动图片到适当的位置，效果如图 10-77 所示。

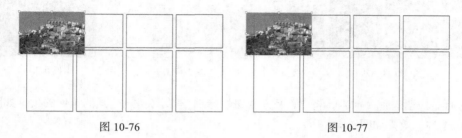

图 10-76　　　　　　　　　　图 10-77

（11）选择"选择"工具，按住 Shift 键的同时，单击上方矩形将其同时选取，按 Ctrl+7 组合键，建立剪切蒙版，效果如图 10-78 所示。使用相同的方法置入其他图片，制作出如图 10-79 所示的效果。

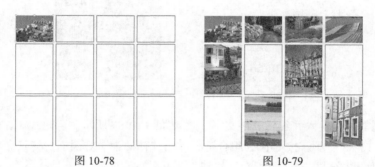

图 10-78　　　　　　　　　　图 10-79

（12）选择"选择"工具，按住 Shift 键的同时，选取需要的矩形，设置图形填充颜色为紫色（其 C、M、Y、K 的值分别为 55、100、0、0），填充图形，效果如图 10-80 所示。再次选取需要的矩形，设置图形填充颜色为灰色（其 C、M、Y、K 的值分别为 0、0、0、70），填充图形，效果如图 10-81 所示。

（13）选择"文字"工具，在适当的位置输入需要的文字，选择"选择"工具，在属性栏中选择合适的字体并设置文字大小，填充文字为白色，效果如图 10-82 所示。选择"字符"控制面板，将"设置行距"选项设为 10，其他选项的设置如图 10-83 所示，按 Enter 键，效果如图 10-84 所示。

图 10-80　　　　　　　　　　图 10-81

229

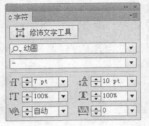

图 10-82　　　　　　图 10-83　　　　　　图 10-84

（14）选择"段落"控制面板，将"首行左缩进"选项设为 14pt，其他选项的设置如图 10-85 所示，按 Enter 键，效果如图 10-86 所示。

图 10-85　　　　　　　图 10-86

（15）使用相同的方法输入并编辑其他文字，效果如图 10-87 所示。至此，旅游宣传册内页 1 制作完成，效果如图 10-88 所示。按 Ctrl+S 组合键，弹出"存储为"对话框，将其命名为"旅游宣传册内页 1"，保存为 AI 格式，单击"保存"按钮，将文件保存。

图 10-87　　　　　　　　　图 10-88

10.3　旅游宣传册内页 2

【案例学习目标】使用置入命令、创建剪切蒙版命令置入并编辑图片；使用文字工具、字符面板和段落面板添加宣传册内页文字。

【案例知识要点】使用置入命令，不透明度选项制作背景底图；使用矩形工具、创建剪切蒙版命令为图片添加剪切蒙版效果；使用文字工具、字符面板和段落面板制作内页标题和内容文字；使用投影命令为图片添加投影效果，旅游宣传册内页 2 效果如图 10-89 所示。

【效果所在位置】光盘/Ch10/效果/旅游宣传册内页 2.ai。

图 10-89

（1）打开 Illustrator 软件，按 Ctrl+N 组合键，新建一个文档，设置文档的宽度为 434mm，高度为 274mm，取向为横向，颜色模式为 CMYK，单击"确定"按钮。

（2）按 Ctrl+R 组合键，显示标尺。选择"选择"工具 ，在页面中拖曳一条垂直参考线，选择"窗口 > 变换"命令，弹出"变换"面板，将"X"轴选项设为 217mm，如图 10-90 所示，按 Enter 键确认操作，效果如图 10-91 所示。

图 10-90

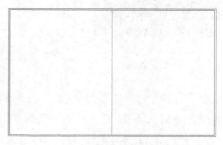

图 10-91

（3）选择"文件 > 置入"命令，弹出"置入"对话框，选择光盘中的"Ch10 > 素材 >旅游宣传册内页 2 > 01"文件，单击"置入"按钮，将图片置入页面中，单击属性栏中的"嵌入"按钮，嵌入图片。选择"选择"工具 ，拖曳图片到适当的位置并调整其大小，效果如图 10-92 所示。在属性栏中将"不透明度"选项设为 70%，按 Enter 键，效果如图 10-93 所示。

图 10-92

图 10-93

（4）选择"文件 > 置入"命令，弹出"置入"对话框，选择光盘中的"Ch10 > 素材 >旅游宣传册内页 2 > 02" 文件，单击"置入"按钮，将图片置入页面中，单击属性栏中的"嵌入"按钮，嵌入图片。选择"选择"工具▲，拖曳图片到适当的位置并调整其大小，效果如图 10-94 所示。选择"矩形"工具▣，在适当的位置拖曳鼠标绘制出一个矩形，如图 10-95 所示。

图 10-94　　　　　　　　　　　　图 10-95

（5）选择"选择"工具▲，按住 Shift 键的同时，单击下方图片将其同时选取，如图 10-96 所示。按 Ctrl+7 组合键，建立剪切蒙版，效果如图 10-97 所示。

图 10-96　　　　　　　　　　　　图 10-97

（6）选择"文字"工具 T ，在适当的位置分别输入需要的文字，选择"选择"工具▲，在属性栏中分别选择合适的字体并设置文字大小，效果如图 10-98 所示。选取需要的文字，设置文字为蓝色（其 C、M、Y、K 的值分别为 100、72、0、0），填充文字，效果如图 10-99 所示。

图 10-98　　　　　　　　　　　　图 10-99

（7）选取下方文字，按 Ctrl+T 组合键，弹出"字符"控制面板，将"设置行距"选项⸾ᴬ设为 18，其他选项的设置如图 10-100 所示，按 Enter 键，效果如图 10-101 所示。

（8）按 Ctrl+Alt+T 组合键，弹出"段落"控制面板，将"首行左缩进"选项⸾≡设为 24，其他选项的设置如图 10-102 所示，按 Enter 键，效果如图 10-103 所示。

（9）选择"文字"工具 T ，在适当的位置输入需要的文字，选择"选择"工具▲，在属性栏中选择合适的字体并设置文字大小，效果如图 10-104 所示。选择"矩形"工具▣，在适当的位置拖曳鼠标绘制出一个矩形，如图 10-105 所示。

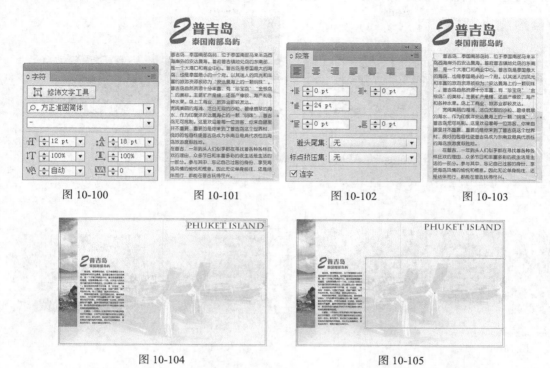

图 10-100　　　　　图 10-101　　　　　图 10-102　　　　　图 10-103

图 10-104　　　　　　　　　　图 10-105

（10）选择"文件 > 置入"命令，弹出"置入"对话框，选择光盘中的"Ch10 > 素材 >旅游宣传册内页 2 > 03"文件，单击"置入"按钮，将图片置入页面中，单击属性栏中的"嵌入"按钮，嵌入图片。选择"选择"工具▶，拖曳图片到适当的位置并调整其大小，效果如图 10-106 所示。按 Ctrl+ [组合键，向移一层，效果如图 10-107 所示。

图 10-106　　　　　　　　　　图 10-107

（11）选择"选择"工具▶，按住 Shift 键的同时，单击上方矩形将其同时选取，如图 10-108 所示。按 Ctrl+7 组合键，建立剪切蒙版，效果如图 10-109 所示。

（12）选择"文件 > 置入"命令，弹出"置入"对话框，选择光盘中的"Ch10 > 素材 >旅游宣传册内页 2 > 04"文件，单击"置入"按钮，将图片置入页面中，单击属性栏中的"嵌入"按钮，嵌入图片。选择"选择"工具▶，拖曳图片到适当的位置并调整其大小，效果如图 10-110 所示。选择"矩形"工具▣，在适当的位置绘制出一个矩形，如图 10-111 所示。

（13）选择"选择"工具 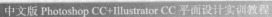，按住 Shift 键的同时，单击下方图片将其同时选取，如图 10-112 所示。按 Ctrl+7 组合键，建立剪切蒙版，效果如图 10-113 所示。

图 10-108

图 10-109

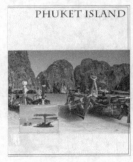

图 10-110

图 10-111

图 10-112

图 10-113

（14）填充描边为白色，选择"窗口 > 描边"命令，弹出"描边"控制面板，选项的设置如图 10-114 所示，按 Enter 键，描边效果如图 10-115 所示。

图 10-114

图 10-115

（15）选择"效果 > 风格化 > 投影"命令，在弹出的对话框中进行设置，如图 10-116 所示，单击"确定"按钮，效果如图 10-117 所示。

图 10-116

图 10-117

（16）使用相同的方法置入其他图片，制作出如图 10-118 所示的效果。至此，旅游宣传册内页 2 制作完成，效果如图 10-119 所示。按 Ctrl+S 组合键，弹出"存储为"对话框，将其命名为"旅游宣传册内页 2"，保存为 AI 格式，单击"保存"按钮，将文件保存。

图 10-118

图 10-119

10.4　课后习题——旅游宣传册内页 3

【习题知识要点】使用矩形工具、创建剪切蒙版命令为图片添加剪切蒙版效果；使用文字工具、字符面板和段落面板制作内页标题和内容文字；使用矩形工具、不透明度选项为图形添加半透明效果，旅游宣传册内页 3 效果如图 10-120 所示。

【效果所在位置】光盘/Ch10/效果/旅游宣传册内页 3.ai。

图 10-120

第11章
杂志设计

　　杂志是比较专项的宣传媒介之一，它具有目标受众准确、实效性强、宣传力度大、效果明显等特点。时尚类杂志的设计可以轻松、活泼、色彩丰富。版式内的图文编排可以灵活多变，但要注意把握风格的整体性。本章以时尚杂志为例，讲解杂志的设计方法和制作技巧。

课堂学习目标

- 在 Photoshop 软件中制作杂志封面背景图
- 在 Illustrator 软件中制作其他栏目内容

11.1 杂志封面设计

【案例学习目标】学习在 Photoshop 中使用图层面板和文字工具制作封面底图。在 Illustrator 中使用文本工具和字符面板添加杂志栏目。

【案例知识要点】在 Photoshop 中，使用曲线调整层、图层蒙版和画笔工具制作背景图片；使用横排文字工具、字符面板、图层蒙版和画笔工具添加杂志名称。在 Illustrator 中，使用文本工具和字符面板添加栏目名称。杂志封面设计效果如图 11-1 所示。

【效果所在位置】光盘/Ch11/效果/杂志封面设计/杂志封面.ai。

图 11-1

Photoshop 应用

11.1.1 制作封面底图

（1）打开 Photoshop 软件，按 Ctrl + N 组合键，新建一个文件，宽度为 21.6cm，高度为 30.3cm，分辨率为 300 像素/英寸，颜色模式为 RGB，背景内容为白色。按 Ctrl + O 组合键，打开光盘中的 "Ch11> 素材 > 杂志封面设计 > 01" 文件，如图 11-2 所示。

（2）单击 "图层" 控制面板下方的 "创建新的填充或调整图层" 按钮 ⬤⃝ ，在弹出的菜单中选择 "曲线" 命令，在 "图层" 控制面板中生成 "曲线 1" 图层，同时弹出 "曲线" 面板，在曲线上单击鼠标添加控制点，将 "输入" 选项设为 75，"输出" 选项设为 87，再次单击鼠标添加控制点，将 "输入" 选项设为 28，"输出" 选项设为 26，如图 11-3 所示，效果如图 11-4 所示。

图 11-2

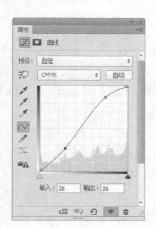

图 11-3

图 11-4

（3）单击 "曲线 1" 图层的图层蒙版缩览图，如图 11-5 所示。将前景色设为黑色。选择 "画笔" 工具 ✐ ，在属性栏中单击 "画笔" 选项右侧的按钮 · ，在弹出的面板中选择需要的画笔形状，如图 11-6 所示。在属性栏中将 "不透明度" 选项设为 80%，在图像窗口中拖曳鼠标擦除不需要的图像，效果如图 11-7 所示。

 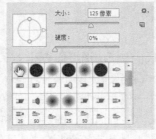 

图 11-5　　　　　　　　图 11-6　　　　　　　　图 11-7

（4）将前景色设为红色（其 R、G、B 的值分别为 230、0、18）。选择"横排文字"工具 T，在适当的位置输入需要的文字并选取文字，在属性栏中选择合适的字体并设置大小，效果如图 11-8 所示，在"图层"控制面板中生成新的文字图层。

（5）选择"窗口 > 字符"命令，在弹出的面板中进行设置，如图 11-9 所示，按 Enter 键，文字效果如图 11-10 所示。

图 11-8　　　　　　　　图 11-9　　　　　　　　图 11-10

（6）单击"图层"控制面板下方的"添加图层蒙版"按钮 ，为文字图层添加图层蒙版，如图 11-11 所示。将前景色设为黑色。选择"画笔"工具 ，在属性栏中单击"画笔"选项右侧的按钮 ，在弹出的面板中选择需要的画笔形状，如图 11-12 所示，在图像窗口中拖曳鼠标擦除不需要的图像，效果如图 11-13 所示。

 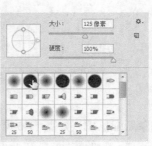 

图 11-11　　　　　　　　图 11-12　　　　　　　　图 11-13

（7）至此，杂志封面底图制作完成。按 Shift+Ctrl+E 组合键，合并可见图层。按 Ctrl+S 组合键，弹出"存储为"对话框，将其命名为"杂志封面底图"，保存为 JPEG 格式，单击"保存"按钮，弹出"JPEG 选项"对话框，单击"确定"按钮，将图像保存。

Illustrator 应用

11.1.2　制作杂志栏目

（1）打开 Illustrator 软件，按 Ctrl+N 组合键，新建一个 A4 文档。选择"文件 > 置入"命令，弹出"置入"对话框，选择光盘中的"Ch11 > 效果 > 杂志封面设计 > 杂志封面底图"文件，单击"置入"按钮，置入文件。单击属性栏中的"嵌入"按钮，嵌入图片，并调整其大小，效果如图 11-14 所示。

（2）选择"选择"工具，选取图片。选择"窗口 > 对齐"命令，弹出"对齐"面板，将"对齐"选项设为"对齐画板"，单击"垂直居中对齐"按钮和"水平居中对齐"按钮，如图 11-15 所示，居中对齐画板，效果如图 11-16 所示。

图 11-14　　　　　　　　图 11-15　　　　　　　　图 11-16

（3）选择"文字"工具，在适当的位置输入需要的文字，选择"选择"工具，在属性栏中选择合适的字体和文字大小，填充文字为白色，效果如图 11-17 所示。选择"窗口 > 文字 > 字符"命令，在弹出的面板中进行设置，如图 11-18 所示，按 Enter 键确认操作，效果如图 11-19 所示。

图 11-17　　　　　　　　图 11-18　　　　　　　　图 11-19

（4）选择"文字"工具，在适当的位置分别输入需要的文字，选择"选择"工具，在属性栏中分别选择合适的字体和文字大小，填充文字为白色，效果如图 11-20 所示。

（5）选择"选择"工具，选取需要的文字，设置文字填充颜色为蓝色（其 C、M、Y、K 的值分别为 100、100、0、0），填充文字，效果如图 11-21 所示。选择"选择"工具，选取需要的文字。在"字符"面板中进行设置，如图 11-22 所示，按 Enter 键确认操作，效果如图 11-23 所示。

图 11-20　　　　　　　　　　　　　　图 11-21

图 11-22　　　　　　　　　　　　　　图 11-23

（6）选择"选择"工具 ，选取需要的文字。在"字符"面板中进行设置，如图 11-24 所示，按 Enter 键确认操作，效果如图 11-25 所示。

图 11-24　　　　　　　　　　　　　　图 11-25

（7）选择"选择"工具 ，选取需要的文字。在"字符"面板中进行设置，如图 11-26 所示，按 Enter 键确认操作，效果如图 11-27 所示。

图 11-26　　　　　　　　　　　　　　图 11-27

（8）选择"文字"工具 ，在适当的位置分别输入需要的文字，选择"选择"工具 ，在属性栏中分别选择合适的字体和文字大小，填充文字为白色，效果如图 11-28 所示。选择"选择"工

具 ，按住 Shift 键的同进，选取需要的文字，设置文字填充颜色为蓝色（其 C、M、Y、K 的值分别为 100、100、0、0），填充文字，效果如图 11-29 所示。

（9）选择"文件 > 置入"命令，弹出"置入"对话框，选择光盘中的"Ch11 > 素材 > 杂志封面设计 > 02"文件，单击"置入"按钮，置入文件，并调整其位置和大小，效果如图 11-30 所示。连续按 Ctrl+ [组合键，后移图形，效果如图 11-31 所示。

| 图 11-28 | 图 11-29 | 图 11-30 | 图 11-31 |

（10）选择"文字"工具 ，在适当的位置分别输入需要的文字，选择"选择"工具 ，在属性栏中分别选择合适的字体和文字大小，填充文字为白色，效果如图 11-32 所示。按住 Shift 键的同时，选取需要的文字，设置文字填充颜色为红色（其 C、M、Y、K 的值分别为 0、100、100、0），填充文字，效果如图 11-33 所示。

（11）选择"矩形"工具 ，绘制出两个矩形，填充为黑色，并设置描边色为无，如图 11-34 所示。选择"选择"工具 ，按住 Shift 键的同时，选取两个矩形，连续按 Ctrl+ [组合键，后移图形，效果如图 11-35 所示。

| 图 11-32 | 图 11-33 | 图 11-34 | 图 11-35 |

（12）选择"选择"工具 ，选取需要的文字。在"字符"面板中进行设置，如图 11-36 所示，按 Enter 键确认操作，效果如图 11-37 所示。至此，杂志封面设计制作完成，效果如图 11-38 所示。

| 图 11-36 | 图 11-37 | 图 11-38 |

11.2　服饰栏目设计

【案例学习目标】学习在 Illustrator 中使用置入命令和文本工具制作服饰栏目。

【案例知识要点】在 Illustrator 中，使用置入命令置入服饰图片；使用钢笔工具和创建剪切蒙版命令制作图片的蒙版效果；使用椭圆形工具和混合工具绘制标签图形；使用文本工具添加需要的栏目文字。服饰栏目设计效果如图 11-39 所示。

【效果所在位置】光盘/Ch11/效果/服饰栏目设计/服饰栏目.ai。

Illustrator 应用

图 11-39

11.2.1　置入并编辑图片

（1）打开 Illustrator 软件，按 Ctrl+N 组合键，新建一个 A4 文档。选择"文件 > 置入"命令，弹出"置入"对话框，选择光盘中的"Ch11 > 素材 > 服饰栏目设计 > 01~06"文件，单击"置入"按钮，置入文件。选择"选择"工具 ，选取置入的图片，单击属性栏中的"嵌入"按钮，嵌入图片，并调整其大小，效果如图 11-40 所示。再次选取需要的图片，如图 11-41 所示。按 Ctrl+C 组合键，复制图片。

（2）选择"钢笔"工具 ，在适当的位置绘制图形，如图 11-42 所示。选择"选择"工具 ，按住 Shift 键的同时，将图形和图片同时选取，按 Ctrl+7 组合键，创建剪切蒙版，效果如图 11-43 所示。

图 11-40

图 11-41

图 11-42

图 11-43

（3）按 Ctrl+V 组合键，粘贴图片，并将其拖曳到适当的位置，效果如图 11-44 所示。选择"钢笔"工具 ，在适当的位置绘制图形，如图 11-45 所示。

（4）选择"选择"工具 ，按住 Shift 键的同时，将图形和图片同时选取，按 Ctrl+7 组合键，创建剪切蒙版，效果如图 11-46 所示。连续按 Ctrl+ [组合键，后移图形，效果如图 11-47 所示。

（5）选择"选择"工具 ，选取需要的图片，如图 11-48 所示。选择"镜像"工具 ，向下拖曳鼠标翻转图片，效果如图 11-49 所示。选择"选择"工具 ，拖曳鼠标将其旋转到适当的角度，效果如图 11-50 所示。

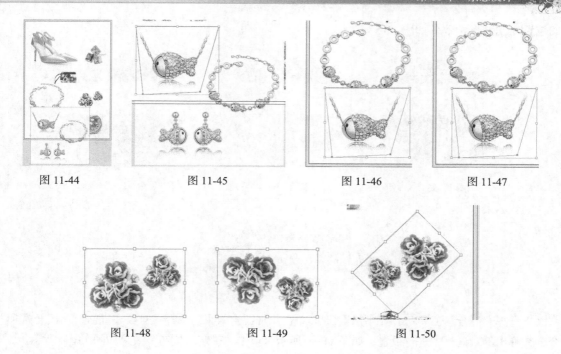

図 11-44　　　　　　　図 11-45　　　　　　　図 11-46　　　　　　　図 11-47

図 11-48　　　　　　　図 11-49　　　　　　　図 11-50

11.2.2　制作标签图形

（1）选择"椭圆"工具 ⬭，按住 Shift 键的同时，在适当的位置绘制出圆形，如图 11-51 所示。设置描边颜色为粉色（其 C、M、Y、K 的值分别为 14、52、0、0），填充描边色，效果如图 11-52 所示。

（2）选择"选择"工具 ▸，选取圆形。按 Ctrl+C 组合键，复制图形，按 Ctrl+F 组合键，原位粘贴图形。按住 Alt+Shift 组合键，等比例缩小图形，效果如图 11-53 所示。单击工具箱中的"互换填色和描边"按钮 ↳，互换填充和描边，效果如图 11-54 所示。

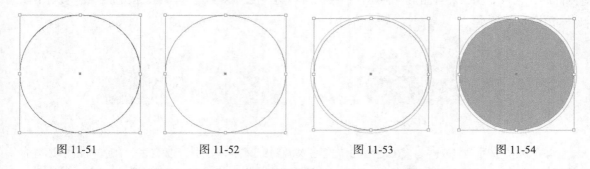

図 11-51　　　　　　　図 11-52　　　　　　　図 11-53　　　　　　　図 11-54

（3）选择"矩形"工具 ▢，绘制出一个矩形，填充为白色，并设置描边色为无，效果如图 11-55 所示。选择"选择"工具 ▸，选取外围圆形，按 Ctrl+Shift+] 组合键，将圆形置于顶层，效果如图 11-56 所示。

（4）选择"椭圆"工具 ⬭，按住 Shift 键的同时，在适当的位置绘制出圆形，填充为白色，并设置描边色为无，效果如图 11-57 所示。选择"选择"工具 ▸，按住 Alt 键的同时，拖曳圆形到适当的位置复制圆形,效果如图 11-58 所示。

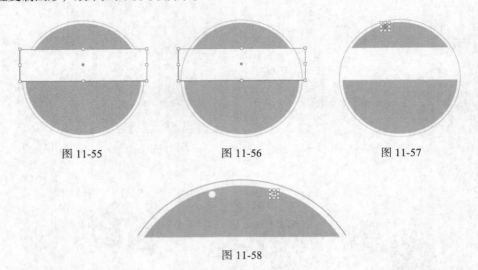

图 11-55   图 11-56   图 11-57

图 11-58

(5)选择"混合"工具 ,在两个圆形间单击添加混合效果。选择"对象 > 混合 > 混合选项"命令,在弹出的对话框中进行设置,如图 11-59 所示,单击"确定"按钮,效果如图 11-60 所示。

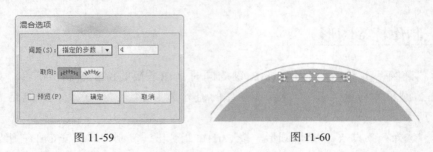

图 11-59   图 11-60

(6)使用相同的方法制作其他混合效果,如图 11-61 所示。选择"选择"工具 ,按住 Shift 键的同时,选取需要的混合图形,将属性栏中的"不透明度"选项设为 27%,按 Enter 键确认操作,效果如图 11-62 所示。

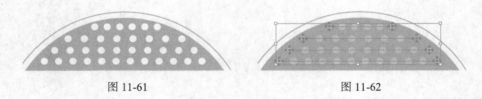

图 11-61   图 11-62

(7)选择"文字"工具 ,在适当的位置输入需要的文字,分别选取文字,在属性栏中选择合适的字体和文字大小,效果如图 11-63 所示。选取需要的文字,设置文字填充颜色为紫粉色(其 C、M、Y、K 的值分别为 34、64、0、0),填充文字,效果如图 11-64 所示。

(8)选择"文字"工具 ,在适当的位置输入需要的文字,选择"选择"工具 ,在属性栏中选择合适的字体和文字大小,填充文字为白色,效果如图 11-65 所示。用圈选的方法将需要的图形同时选取,按 Ctrl+G 组合键,群组图形,如图 11-66 所示。

(9)选择"选择"工具 ,将群组图形拖曳到适当的位置,效果如图 11-67 所示。连续按 Ctrl+

[组合键，后移图形，效果如图 11-68 所示。

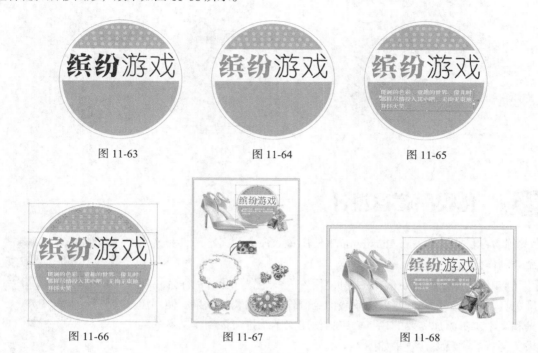

图 11-63　　　　　　　　　　图 11-64　　　　　　　　　　图 11-65

图 11-66　　　　　　　　　　图 11-67　　　　　　　　　　图 11-68

11.2.3　添加介绍文字

（1）选择"文字"工具 T，在适当的位置分别输入需要的文字，选择"选择"工具 ，在属性栏中选择合适的字体和文字大小，效果如图 11-69 所示。选择"文字"工具 T，拖曳鼠标绘制文本框，输入需要的文字，选择"选择"工具 ，在属性栏中选择合适的字体和文字大小，效果如图 11-70 所示。

图 11-69　　　　　　　　　　图 11-70

（2）使用相同的方法输入其他段落文本，效果如图 11-71 所示。选择"文字"工具 T，在适当的位置输入需要的文字，选择"选择"工具 ，在属性栏中选择合适的字体和文字大小，效果如图 11-72 所示。至此，服饰栏目制作完成，效果如图 11-73 所示。

图 11-71

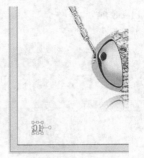

图 11-72

图 11-73

11.3 化妆品栏目设计

【案例学习目标】学习在 Illustrator 中使用置入命令、文本工具和文本绕排命令制作化妆品栏目。

【案例知识要点】在 Illustrator 中，使用置入命令置入化妆品图片；使用矩形工具、椭圆工具和创建剪切蒙版命令制作图片的蒙版效果；使用矩形工具和文本工具添加需要的栏目文字；使用文本绕排命令制作文本的绕排效果。化妆品栏目设计效果如图 11-74 所示。

【效果所在位置】光盘/Ch11/效果/化妆品栏目设计/化妆品栏目.ai。

Illustrator 应用

图 11-74

11.3.1 置入并编辑图片

（1）打开 Illustrator 软件，按 Ctrl+N 组合键，新建一个 A4 文档。选择"文件 > 置入"命令，弹出"置入"对话框，选择光盘中的"Ch11 > 素材 > 化妆品栏目设计 > 01"文件，单击"置入"按钮，置入文件。选择"选择"工具 ▶，选取置入的图片，单击属性栏中的"嵌入"按钮，嵌入图片，并调整其大小，效果如图 11-75 所示。选择"矩形"工具 ▣，绘制一个矩形，效果如图 11-76 所示。

图 11-75

图 11-76

（2）选择"选择"工具 ▶，按住 Shift 键的同时，将矩形和图片同时选取，按 Ctrl+7 组合键，创建剪切蒙版，效果如图 11-77 所示。选择"文字"工具 T，在适当的位置分别输入需要的文字，选择"选择"工具 ↖，在属性栏中分别选择合适的字体和文字大小，效果如图 11-78 所示。

图 11-77　　　　　　　　　　　　　　　　图 11-78

（3）选择"选择"工具 ↖，按住 Shift 键的同时，将需要的文字同时选取，设置文字填充颜色为朱红色（其 C、M、Y、K 的值分别为 34、64、0、0），填充文字，效果如图 11-79 所示。选择"矩形"工具 ▢，绘制出一个矩形，填充为白色，并设置描边色为无，效果如图 11-80 所示。

图 11-79　　　　　　　　　　　　　　　　图 11-80

（4）选择"选择"工具 ↖，选取矩形，连续按 Ctrl+ [组合键，后移图形，效果如图 11-81 所示。选择"文件 > 置入"命令，弹出"置入"对话框，选择光盘中的"Ch11 > 素材 > 化妆品栏目设计 > 02"文件，单击"置入"按钮，置入文件。选择"选择"工具 ↖，选取置入的图片，单击属性栏中的"嵌入"按钮，嵌入图片，并调整其大小，效果如图 11-82 所示。

图 11-81　　　　　　　　　　　　　　　　图 11-82

（5）选择"文件 > 置入"命令，弹出"置入"对话框，选择光盘中的"Ch11 > 素材 > 化妆品栏目设计 > 03~07"文件，单击"置入"按钮，置入文件。选择"选择"工具 ↖，选取置入的图片，单击属性栏中的"嵌入"按钮，嵌入图片，并调整其大小，效果如图 11-83 所示。按住 Shift 键的同时，将需要的图片同时选取，按 Ctrl+Shift+] 组合键，将图形置于顶层，效果如图 11-84 所示。

图 11-83   图 11-84

（6）选择"椭圆"工具◎，按住 Shift 键的同时，在适当的位置绘制出圆形，如图 11-85 所示。选择"选择"工具▶，按住 Shift 键的同时，将圆形和图片同时选取，按 Ctrl+7 组合键，创建剪切蒙版，效果如图 11-86 所示。连续按 Ctrl+[组合键，后移图形，效果如图 11-87 所示。

图 11-85   图 11-86   图 11-87

11.3.2   添加栏目内容

（1）选择"矩形"工具▣，按住 Shift 键的同时，绘制出一个正方形，填充为黑色，并设置描边色为无，效果如图 11-88 所示。选择"文字"工具Ｔ，在适当的位置输入需要的文字，选择"选择"工具▶，在属性栏中选择合适的字体和文字大小，效果如图 11-89 所示。设置文字填充颜色为橙黄色（其 C、M、Y、K 的值分别为 0、35、85、0），填充文字，效果如图 11-90 所示。

图 11-88   图 11-89   图 11-90

（2）选择"直排文字"工具ＩＴ，在适当的位置输入需要的文字，选择"选择"工具▶，在属性栏中选择合适的字体和文字大小，填充为白色，效果如图 11-91 所示。使用相同的方法制作其他图形和文字，效果如图 11-92 所示。

图 11-91　　　　　　　　　　　　　图 11-92

（3）选择"文字"工具 T，拖曳鼠标绘制文本框，输入需要的文字，选择"选择"工具 ，在属性栏中选择合适的字体和文字大小，效果如图 11-93 所示。选择"窗口 > 文字 > 字符"命令，在弹出的面板中进行设置，如图 11-94 所示，按 Enter 键确认操作，效果如图 11-95 所示。

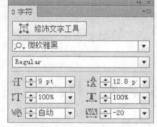

图 11-93　　　　　　　　　　图 11-94　　　　　　　　　　图 11-95

（4）保持文字的选取状态，连续按 Ctrl+ [组合键，后移文字，效果如图 11-96 所示。选取需要的图片，选择"对象 > 文本绕排 > 建立"命令，制作文本绕排效果，如图 11-97 所示。

图 11-96　　　　　　　　　　　　　　图 11-97

（5）使用上述方法制作其他栏目文字，效果如图 11-98 和图 11-99 所示。选择"选择"工具 ，选取需要的文字，连续按 Ctrl+ [组合键，后移文字，效果如图 11-100 所示。

图 11-98　　　　　　　　　　图 11-99　　　　　　　　　　图 11-100

（6）选取需要的图片，选择"对象 > 文本绕排 > 建立"命令，制作文本绕排效果，如图 11-101 所示。选择"文字"工具 T ，在适当的位置输入需要的文字，选择"选择"工具 ，在属性栏中选择合适的字体和文字大小，效果如图 11-102 所示。至此，化妆品栏目制作完成，效果如图 11-103 所示。

图 11-101   图 11-102   图 11-103

11.4 课后习题——女人栏目设计

【习题知识要点】在 Photoshop 中，使用横排文字工具和图层面板制作背景文字；使用椭圆工具、图层蒙版和画笔工具制作主体人物。在 Illustrator 中，使用钢笔工具、椭圆工具和描边面板制作眼睛图形；使用文本工具和字符面板添加栏目名称和其他内容。女人栏目效果如图 11-104 所示。

【效果所在位置】光盘/Ch11/效果/女人栏目设计/女人栏目.ai。

图 11-104

第12章
包装设计

包装代表着一个商品的品牌形象。好的包装可以让商品在同类产品中脱颖而出，吸引消费者的注意力并引发其购买行为。包装可以起到保护美化商品及传达商品信息的作用。好的包装更可以极大地提高商品的价值。本章以雪糕包装和奶粉包装设计为例，讲解包装的设计方法和制作技巧。

课堂学习目标

- 在 Photoshop 软件中制作包装立体效果图
- 在 Illustrator 软件中制作包装平面展开图

12.1 雪糕包装设计

【案例学习目标】学习在 Photoshop 中使用钢笔工具、画笔工具和图层面板制作包装立体效果。在 Illustrator 中使用绘图工具、填充工具和变换命令制作包装的平面图案。

【案例知识要点】在 Illustrator 中，使用钢笔工具和对称变换命令绘制兔子耳朵；使用椭圆工具、复制命令和对称变换命令制作眼睛图形；使用矩形工具、椭圆形工具、渐变工具和路径查找器面板制作嘴图形；使用钢笔工具和创建剪切蒙版命令制作巧克力流淌效果。在 Photoshop 中，使用钢笔工具、图层面板和画笔工具制作阴影和高光；使用复制命令和变换工具制作包装变换效果。雪糕包装设计效果如图 12-1 所示。

图 12-1

【效果所在位置】光盘/Ch12/效果/雪糕包装设计/雪糕包装.ai。

Illustrator 应用

12.1.1 绘制兔子耳朵

（1）打开 Illustrator 软件，按 Ctrl+N 组合键，新建一个文档，宽度为 297mm，高度为 210mm，颜色模式为 CMYK，单击"确定"按钮。选择"矩形"工具 ▣，绘制出一个矩形。设置图形填充颜色为浅黄色（其 C、M、Y、K 的值分别为 0、0、19、0），填充图形，并设置描边色为无，效果如图 12-2 所示。

（2）选择"选择"工具 ▶，按 Ctrl+C 组合键，复制图形。按 Ctrl+F 组合键，原位粘贴图形。向下拖曳上方中间的控制手柄到适当的位置，效果如图 12-3 所示。设置图形填充颜色为紫粉色（其 C、M、Y、K 的值分别为 15、60、0、0），填充图形，效果如图 12-4 所示。

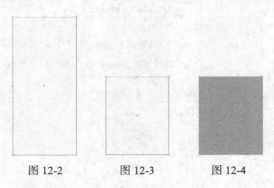

图 12-2   图 12-3   图 12-4

（3）选择"钢笔"工具 ✐，在适当的位置绘制出图形，如图 12-5 所示。设置图形填充颜色为紫粉色（其 C、M、Y、K 的值分别为 15、60、0、0），填充图形，并设置描边色为无，效果如图 12-6 所示。

（4）选择"钢笔"工具 ✐，在适当的位置绘制出图形，如图 12-7 所示。设置图形填充颜色为黄绿色（其 C、M、Y、K 的值分别为 15、0、100、0），填充图形，并设置描边色为无，效果如图 12-8 所示。

图 12-5　　　　　　图 12-6　　　　　　图 12-7　　　　　　图 12-8

（5）选择"选择"工具 ，按住 Shift 键的同时，将需要的图形同时选取，如图 12-9 所示。选择"对象 > 变换 > 对称"命令，在弹出的对话框中进行设置，如图 12-10 所示，单击"复制"按钮，效果如图 12-11 所示。拖曳到适当的位置，效果如图 12-12 所示。

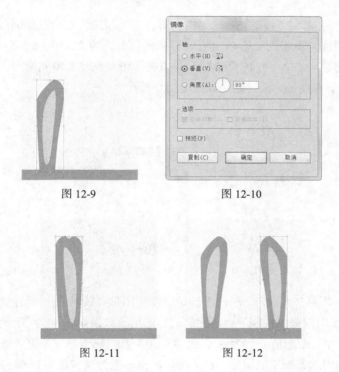

图 12-9　　　　　　　　　　　图 12-10

图 12-11　　　　　　图 12-12

（6）选择"多边形"工具 ，在适当的位置单击，弹出对话框，选项的设置如图 12-13 所示，单击"确定"按钮，绘制多边形，如图 12-14 所示。设置图形填充颜色为黄绿色（其 C、M、Y、K 的值分别为 15、0、100、0），填充图形，并设置描边色为无，效果如图 12-15 所示。

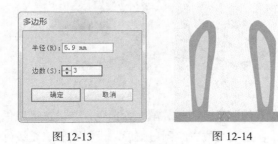

图 12-13　　　　　　　图 12-14　　　　　　图 12-15

253

（7）选择"选择"工具 ，选取需要的图形。选择"镜像"工具 ，按住 Shift 键的同时，向下拖曳图形，翻转图形，效果如图 12-16 所示。选择"选择"工具 ，按住 Alt 键的同时，将图形拖曳到适当的位置复制图形，效果如图 12-17 所示。使用相同的方法再次复制图形，效果如图 12-18 所示。

图 12-16   图 12-17   图 12-18

12.1.2　绘制兔子眼睛

（1）选择"椭圆"工具 ，按住 Shift 键的同时，在适当的位置绘制出圆形，效果如图 12-19 所示。设置图形填充颜色为淡蓝色（其 C、M、Y、K 的值分别为 12、0、5、0），填充图形，设置描边颜色为暗灰色（其 C、M、Y、K 的值分别为 0、100、100、90），填充描边。在属性栏中将"描边粗细"选项设为 2pt，按 Enter 键，效果如图 12-20 所示。

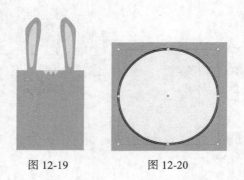

图 12-19   图 12-20

（2）选择"选择"工具 ，按 Ctrl+C 组合键，复制图形。按 Ctrl+F 组合键，原位粘贴图形。按住 Alt+Shift 组合键，向内拖曳控制手柄等比例缩小图形，效果如图 12-21 所示。设置图形填充颜色为绿色（其 C、M、Y、K 的值分别为 50、8、35、0），填充图形，并设置描边色为无，效果如图 12-22 所示。使用相同的方法复制图形，设置图形填充颜色为暗灰色（其 C、M、Y、K 的值分别为 0、100、100、90），填充图形，效果如图 12-23 所示。

图 12-21   图 12-22   图 12-23

（3）选择"椭圆"工具 ，在适当的位置绘制出椭圆形，填充为白色，并设置描边色为无，效果如图 12-24 所示。选择"钢笔"工具 ，在适当的位置绘制出图形。设置图形填充颜色为暗灰色

（其 C、M、Y、K 的值分别为 0、100、100、90），填充图形，并设置描边色为无，效果如图 12-25 所示。

（4）选择"椭圆"工具 ，在适当的位置绘制出椭圆形，设置图形填充颜色为浅粉色（其 C、M、Y、K 的值分别为 0、30、0、0），填充图形，并设置描边色为无，效果如图 12-26 所示。选择"选择"工具 ，按住 Shift 键的同时，将需要的图形同时选取，按 Ctrl+G 组合键，群组图形，效果如图 12-27 所示。

（5）选择"对象 > 变换 > 对称"命令，在弹出的对话框中进行设置，如图 12-28 所示，单击"复制"按钮，效果如图 12-29 所示。

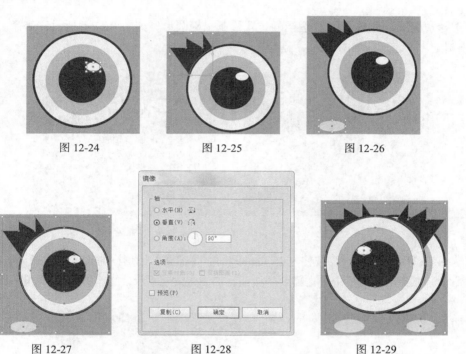

图 12-24　　　　　图 12-25　　　　　图 12-26

图 12-27　　　　　图 12-28　　　　　图 12-29

（6）选择"选择"工具 ，将复制的图形拖曳到适当的位置，效果如图 12-30 所示。按 Ctrl+Shift+G 组合键，取消图形编组，并分别调整图形的位置和角度，效果如图 12-31 所示。

图 12-30　　　　　　　　　　图 12-31

12.1.3　绘制鼻子和嘴巴

（1）选择"椭圆"工具 ，在适当的位置绘制出椭圆形，设置图形填充颜色为暗灰色（其 C、M、Y、K 的值分别为 0、100、100、90），填充图形，并设置描边色为无，效果如图 12-32 所示。

使用相同的方法再绘制出一个椭圆形，设置图形填充颜色为淡粉色（其 C、M、Y、K 的值分别为 0、10、0、0），填充图形，并设置描边色为无，效果如图 12-33 所示。

图 12-32

图 12-33

（2）选择“椭圆”工具，在适当的位置绘制出椭圆形，如图 12-34 所示。选择“矩形”工具，绘制出一个矩形，如图 12-35 所示。

图 12-34

图 12-35

（3）选择“选择”工具，按住 Shift 键的同时，将需要的图形同时选取。选择“窗口 > 路径查找器”命令，在弹出的面板中单击需要的按钮，如图 12-36 所示，修剪后的图形如图 12-37 所示。

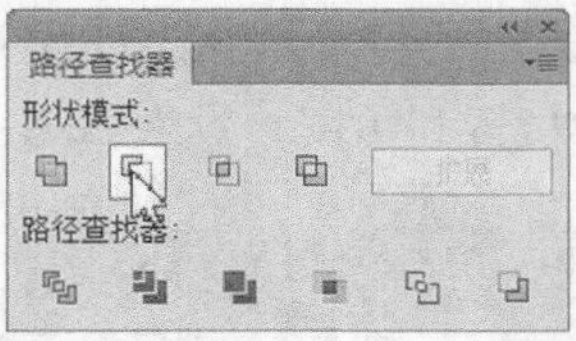

图 12-36

图 12-37

（4）双击“渐变”工具，弹出“渐变”控制面板，在色带上设置 2 个渐变滑块，分别将渐变滑块的位置设为 0、100，并设置 C、M、Y、K 的值分别为 0（16、80、14、0）、100（50、100、50、0），其他选项的设置如图 12-38 所示，图形被填充为渐变色，并设置描边色为无，效果如图 12-39 所示。

（5）选择“矩形”工具，绘制出一个矩形，填充为白色，并设置描边色为无，效果如图 12-40 所示。选择“选择”工具，按住 Alt 键的同时，复制图形到适当的位置，效果如图 12-41 所示。

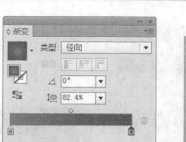

图 12-38

图 12-39

图 12-40

图 12-41

12.1.4　绘制糖球

（1）选择"椭圆"工具 ，按住 Shift 键的同时，在适当的位置绘制出圆形。双击"渐变"工具 ，弹出"渐变"控制面板，在色带上设置 2 个渐变滑块，分别将渐变滑块的位置设为 0、100，并设置 C、M、Y、K 的值分别为 0（0、0、47、0）、100（0、46、100、21），其他选项的设置如图 12-42 所示，图形被填充为渐变色，并设置描边色为无，效果如图 12-43 所示。

图 12-42

图 12-43

（2）选择"钢笔"工具 ，在适当的位置绘制图形，如图 12-44 所示。双击"渐变"工具 ，弹出"渐变"控制面板，在色带上设置 2 个渐变滑块，分别将渐变滑块的位置设为 0、100，并设置 C、M、Y、K 的值分别为 0（50、100、100、30）、100（50、100、100、80），其他选项的设置如图

12-45 所示，图形被填充为渐变色，并设置描边色为无，效果如图 12-46 所示。

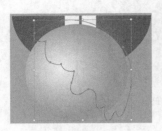

图 12-44　　　　　　　　　　图 12-45　　　　　　　　　　图 12-46

（3）选择"钢笔"工具 ，在适当的位置绘制图形，如图 12-47 所示。设置图形填充颜色为咖啡色（其 C、M、Y、K 的值分别为 64、99、99、64），填充图形，并设置描边色为无，效果如图 12-48 所示。选择"选择"工具 ，选取需要的图形，按 Ctrl+C 组合键，复制图形。按 Ctrl+F 组合键，原位粘贴图形，如图 12-49 所示。

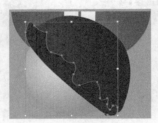
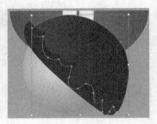

图 12-47　　　　　　　　　　图 12-48　　　　　　　　　　图 12-49

（4）选择"选择"工具 ，选取复制的图形。按 Ctrl+] 组合键，前移图形，效果如图 12-50 所示。按住 Shift 键的同时，将需要的图形同时选取，按 Ctrl+7 组合键，创建剪切蒙版，效果如图 12-51 所示。按住 Shift 键的同时，将需要的图形同时选取，拖曳鼠标旋转到适当的角度，效果如图 12-52 所示。

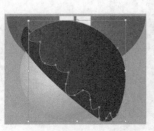

图 12-50　　　　　　　　　　图 12-51　　　　　　　　　　图 12-52

（5）选择"钢笔"工具 ，在适当的位置绘制出图形，如图 12-53 所示。双击"渐变"工具 ，弹出"渐变"控制面板，在色带上设置 2 个渐变滑块，分别将渐变滑块的位置设为 0、100，并设置 C、M、Y、K 的值分别为 0（50、100、100、30）、100（50、100、100、80），其他选项的设置如图

12-54 所示，图形被填充为渐变色，并设置描边色为无，效果如图 12-55 所示。

图 12-53　　　　　　　　　　图 12-54　　　　　　　　　　图 12-55

（6）选择"选择"工具，按住 Shift 键的同时，将需要的图形同时选取，拖曳鼠标旋转到适当的角度，效果如图 12-56 所示。选择"椭圆"工具，在适当的位置绘制出椭圆形，填充与图形相同的渐变色，并设置描边色为无，效果如图 12-57 所示。选择"选择"工具，按住 Shift 键的同时，将需要的图形同时选取，连续按 Ctrl+ [组合键，后移图形，效果如图 12-58 所示。

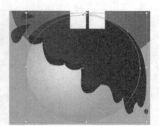

图 12-56　　　　　　　　　　图 12-57　　　　　　　　　　图 12-58

12.1.5　绘制手形

（1）选择"钢笔"工具，在适当的位置绘制出图形，如图 12-59 所示。设置图形填充颜色为黄绿色（其 C、M、Y、K 的值分别为 15、0、100、0），填充图形，并设置描边色为无，效果如图 12-60 所示。

图 12-59　　　　　　　　　　图 12-60

（2）选择"选择"工具，选取需要的图形，拖曳鼠标旋转到适当的角度，效果如图 12-61 所示。选择"镜像"工具，按住 Shift 键的同时，向右拖曳翻转图形，效果如图 12-62 所示。拖曳到适当的位置，如图 12-63 所示。

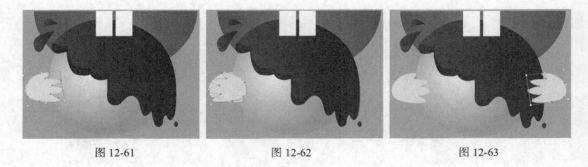

图 12-61　　　　　　　　　图 12-62　　　　　　　　　图 12-63

12.1.6　绘制标志和领结

（1）选择"多边形"工具 ，在适当的位置单击，弹出对话框，选项的设置如图 12-64 所示，单击"确定"按钮，绘制出多边形，如图 12-65 所示。

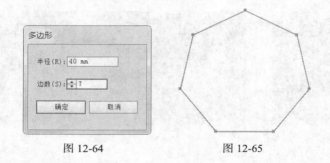

图 12-64　　　　　　　　　　　　图 12-65

（2）设置图形填充颜色为蔚蓝色（其 C、M、Y、K 的值分别为 100、22、17、0），填充图形，并设置描边色为无，效果如图 12-66 所示。选择"直接选择"工具 ，分别拖曳节点到适当的位置，效果如图 12-67 所示。

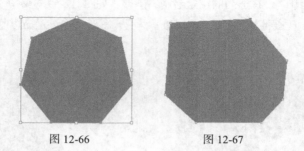

图 12-66　　　　　　　　　　图 12-67

（3）选择"钢笔"工具 ，在适当的位置绘制出多个图形，填充为白色，并设置描边色为无，效果如图 12-68 所示。选择"椭圆"工具 和"矩形"工具 ，绘制出需要的椭圆形和矩形，填充为白色，并设置描边色为无，如图 12-69 所示。

（4）选择"选择"工具 ，按住 Shift 键的同时，将需要的图形同时选取，设置图形填充颜色为黄绿色（其 C、M、Y、K 的值分别为 15、0、100、0），填充图形，并设置描边色为无，效果如

图 12-70 所示。选择"选择"工具 ，用圈选的方法将需要的图形同时选取，并将其拖曳到适当的位置，效果如图 12-71 所示。

图 12-68

图 12-69

图 12-70

图 12-71

（5）选择"椭圆"工具 ，在适当的位置绘制出椭圆形，设置图形填充颜色为竹绿色（其 C、M、Y、K 的值分别为 55、5、20、0），填充图形，并设置描边色为无，效果如图 12-72 所示。使用相同的方法再次绘制出椭圆形，并填充相同的颜色，效果如图 12-73 所示。

（6）选择"钢笔"工具 ，在适当的位置绘制出图形，如图 12-74 所示。设置图形填充颜色为钻绿色（其 C、M、Y、K 的值分别为 66、0、39、0），填充图形，并设置描边色为无，效果如图 12-75 所示。

图 12-72

图 12-73

图 12-74

图 12--75

（7）选择"选择"工具 ，选取需要的图形，选择"镜像"工具 ，按住 Shift 键的同时，向右、向下拖曳翻转图形，效果如图 12-76 所示。拖曳到适当的位置，如图 12-77 所示。选择"矩形"工具 ，在适当的位置绘制出矩形，并填充与图形相同的颜色，效果如图 12-78 所示。

（8）选择"选择"工具 ，用圈选的方法将需要的图形同时选取，并将其拖曳到适当的位置，效果如图 12-79 所示。至此，雪糕包装绘制完成，效果如图 12-80 所示。按 Ctrl+Shift+S 组合键，弹出"存储为"对话框，将其命名为"雪糕包装"，保存为 AI 格式，单击"保存"按钮，将文件保存。

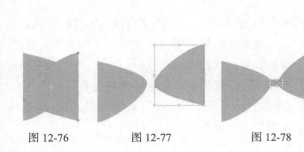
图 12-76　　　　图 12-77　　　　图 12-78

图 12-79

图 12-80

Photoshop 应用

12.1.7 绘制背景和包装

（1）打开 Photoshop 软件，按 Ctrl + N 组合键，新建一个文件，宽度为 10cm，高度为 8cm，分辨率为 300 像素/英寸，颜色模式为 RGB，背景内容为白色。选择"油漆桶"工具，在属性栏中设置为"图案"填充，单击"图案"选项右侧的按钮，在弹出的面板中单击右上角的 按钮，在弹出的菜单中选择"彩色纸"命令，弹出提示对话框，单击"追加"按钮。在面板中选择需要的图案，如图 12-81 所示。在图像窗口中单击鼠标填充图案，效果如图 12-82 所示。

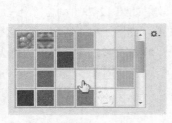

图 12-81　　　　　　　　　　　　　　图 12-82

（2）新建图层并将其命名为"外形"。将前景色设为粉色（其 R、G、B 的值分别为 213、128、178）。选择"钢笔"工具，在属性栏的"选择工具模式"选项中选择"路径"，在图像窗口中绘制出路径，如图 12-83 所示。按 Ctrl+Enter 组合键，将路径转化为选区。按 Alt+Delete 组合键，用前景色填充选区，取消选区后，效果如图 12-84 所示。

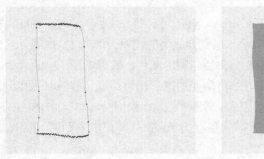

图 12-83　　　　　　　　　　　　　　图 12-84

（3）单击"图层"控制面板下方的"添加图层样式"按钮，在弹出的菜单中选择"投影"命令，在弹出的对话框中进行设置，如图 12-85 所示；选择"斜面和浮雕"选项，在弹出的面板中进行设置，如图 12-86 所示，单击"确定"按钮，效果如图 12-87 所示。

（4）按 Ctrl + O 组合键，打开光盘中的"Ch12 > 效果 > 雪糕包装设计 >雪糕包装"文件，选择"移动"工具，将图片拖曳到图像窗口中适当的位置，并调整其大小，效果如图 12-88 所示，在"图层"控制面板中生成新图层并将其命名为"图案"。

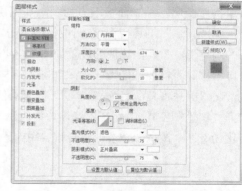

图 12-85　　　　　　　　　　　　　　　　图 12-86

图 12-87　　　　　　　　　　　　　　　　图 12-88

（5）按住 Alt 键的同时，将光标置于适当的位置，当光标变为 ↓□ 形状时单击鼠标，如图 12-89 所示，创建剪切蒙版，图层面板如图 12-90 所示，图像窗口中的效果如图 12-91 所示。

图 12-89　　　　　　　　　图 12-90　　　　　　　　　图 12-91

12.1.8　添加阴影和高光

（1）新建图层并将其命名为"底部阴影"。将前景色设为暗粉色（其 R、G、B 的值分别为 182、103、150）。选择"钢笔"工具 ，在图像窗口中绘制出路径，如图 12-92 所示。按 Ctrl+Enter 组合键，将路径转化为选区。按 Alt+Delete 组合键，用前景色填充选区，取消选区后，效果如图 12-93 所示。

（2）单击"图层"控制面板下方的"添加图层蒙版"按钮 ▢，为图层添加蒙版。将前景色设为黑色。选择"画笔"工具 ✐，在属性栏中单击"画笔"选项右侧的按钮 ·，在弹出的画笔面板中选择需要的画笔形状，其他选项的设置如图 12-94 所示。在属性栏中将"不透明度"选项设为 50%，在图像窗口中擦除不需要的图形，效果如图 12-95 所示。

（3）新建图层并将其命名为"纹理"。将前景色设为暗粉色（其 R、G、B 的值分别为 182、103、150）。选择"钢笔"工具 ✐，在图像窗口中绘制出路径，如图 12-96 所示。按 Ctrl+Enter 组合键，将路径转化为选区。按 Alt+Delete 组合键，用前景色填充选区，取消选区后，效果如图 12-97 所示。

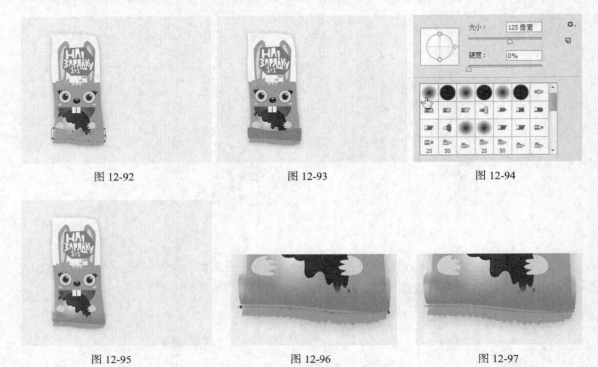

图 12-92   图 12-93   图 12-94

图 12-95   图 12-96   图 12-97

（4）选择"移动"工具 ✛，按住 Alt+Shift 组合键，将图形拖曳到适当的位置，复制图形，效果如图 12-98 所示。使用相同的方法复制出其他两个图形，效果如图 12-99 所示。

图 12-98   图 12-99

（5）在"图层"控制面板中选择"纹理"图层，将该图层的"不透明度"选项设为 60%，如图 12-100 所示，图像窗口中的效果如图 12-101 所示。使用相同的方法分别调整其他图形，效果如图 12-102 所示。再绘制出包装上方的图形，效果如图 12-103 所示。

图 12-100

图 12-101

图 12-102

图 12-103

（6）新建图层并将其命名为"暗影 1"。将前景色设为暗灰色（其 R、G、B 的值分别为 94、94、94）。选择"钢笔"工具 ✐，在图像窗口中绘制路径，如图 12-104 所示。按 Ctrl+Enter 组合键，将路径转化为选区。按 Alt+Delete 组合键，用前景色填充选区，取消选区后，效果如图 12-105 所示。

（7）单击"图层"控制面板下方的"添加图层蒙版"按钮 ▣，为图层添加蒙版。将前景色设为黑色。选择"画笔"工具 ✐，在图像窗口中擦除不需要的图形，效果如图 12-106 所示。

（8）在"图层"控制面板上方，将"暗影 1"图层的混合模式选项设为"正片叠底"，"不透明度"选项设为 25%，如图 12-107 所示，图像窗口中的效果如图 12-108 所示。

图 12-104

图 12-105

图 12-106

图 12-107

图 12-108

（9）新建图层并将其命名为"高光 5"。将前景色设为白色。选择"钢笔"工具 ✐，在图像窗口中绘制路径。按 Ctrl+Enter 组合键，将路径转化为选区。按 Alt+Delete 组合键，用前景色填充选区，取消选区后，效果如图 12-109 所示。

（10）单击"图层"控制面板下方的"添加图层蒙版"按钮 ▣，为图层添加蒙版。将前景色设为黑色。选择"画笔"工具 ✐，在图像窗口中擦除不需要的图形，效果如图 12-110 所示。在"图层"控制面板上方，将"高光 5"图层的"不透明度"选项设为 42%，如图 12-111 所示，图像窗口中的效果如图 12-112 所示。

（11）新建图层并将其命名为"高光 1"。将前景色设为白色。选择"钢笔"工具 ✐，在图像窗

265

口中绘制路径。按 Ctrl+Enter 组合键，将路径转化为选区。按 Alt+Delete 组合键，用前景色填充选区，取消选区后，效果如图 12-113 所示。在"图层"控制面板上方，将该图层的混合模式选项设为"叠加"，"不透明度"选项设为 76%，如图 12-114 所示，图像窗口中的效果如图 12-115 所示。

图 12-109　　　　　图 12-110　　　　　　　图 12-111　　　　　　　图 12-112

图 12-113　　　　　　　图 12-114　　　　　　　图 12-115

（12）使用相同的方法绘制出其他高光图形，效果如图 12-116 所示。选中"高光 5"图层，按住 Shift 键的同时，单击"底部阴影"图层，将两个图层之间的所有图层同时选取，按 Ctrl+Alt+G 组合键，创建剪切蒙版，效果如图 12-117 所示。

（13）选中"高光 4"图层，按住 Shift 键的同时，单击"外形"图层，将两个图层之间的所有图层同时选取，按 Ctrl+G 组合键，群组图层，面板如图 12-118 所示。

图 12-116　　　　　　图 12-117　　　　　　　图 12-118

12.1.9　添加图形和文字

（1）选择"移动"工具，按住 Alt 键的同时，将图形拖曳到适当的位置复制图形，效果如图

12-119 所示。按 Ctrl+T 组合键，在图像周围出现变换框，按住 Alt+Shift 组合键，拖曳右上角的控制手柄等比例缩小图片，拖曳鼠标将图形旋转到适当的角度，按 Enter 键确认操作，效果如图 12-120 所示。

图 12-119

图 12-120

（2）在 Illustrator 软件中，打开光盘中的"Ch12 > 效果 > 雪糕包装设计 > 雪糕包装"文件。选择"选择"工具 ，选取文字。按 Ctrl+C 组合键，复制图形。返回 Photoshop 软件，按 Ctrl+V 组合键，将复制的文字粘贴在图像窗口中，调整其大小和位置，按 Enter 键确认操作，效果如图 12-121 所示。

（3）单击"图层"控制面板下方的"添加图层样式"按钮 fx ，在弹出的菜单中选择"描边"命令，弹出对话框，将描边颜色设为棕色（其 R、G、B 的值分别为 213、148、128），其他选项的设置如图 12-122 所示，单击"确定"按钮，效果如图 12-123 所示。至此，雪糕包装立体效果制作完成。

图 12-121

图 12-122

图 12-123

12.2　奶粉包装设计

【案例学习目标】学习在 Photoshop 中使用填充工具和图层面板制作包装广告。在 Illustrator 中使用绘图工具、填充工具和文字工具制作包装立体效果。

【案例知识要点】在 Illustrator 中，使用矩形工具、椭圆工具、路径查找器面板和渐变工具绘制包装主体；使用椭圆工具、直接选择工具和排列命令绘制狮子和标签图形；使用文本工具、

图 12-124

字符面板和渐变工具添加相关信息。在 Photoshop 中，使用渐变工具制作背景效果；使用复制命令、变换命令、图层蒙版、渐变工具和画笔工具制作阴影效果。奶粉包装设计效果如图 12-124 所示。

【效果所在位置】光盘/Ch12/效果/奶粉包装设计/奶粉包装.ai。

Illustrator 应用

12.2.1　绘制包装主体

（1）打开 Illustrator 软件，按 Ctrl+N 组合键，新建一个 A4 文档。选择"矩形"工具 ▣ ，绘制出一个矩形，如图 12-125 所示。选择"椭圆"工具 ◉ ，在适当的位置绘制出椭圆形，如图 12-126 所示。

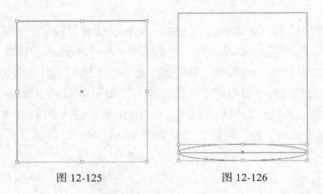

图 12-125　　　　　　　图 12-126

（2）选择"选择"工具 ▶ ，按住 Shift 键的同时，将需要的图形同时选取。选择"窗口 > 路径查找器"命令，在弹出的面板中单击需要的按钮，如图 12-127 所示，修剪后的图形如图 12-128 所示。

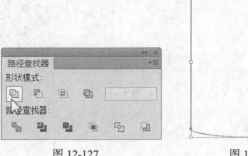

图 12-127　　　　　　　图 12-128

（3）双击"渐变"工具 ▣ ，弹出"渐变"控制面板，在色带上设置 3 个渐变滑块，分别将渐变滑块的位置设为 0、50、100，并设置 C、M、Y、K 的值分别为 0（0、0、0、20）、50（0、0、0、0）、100（0、0、0、20），其他选项的设置如图 12-129 所示，图形被填充为渐变色，并设置描边色为无，效果如图 12-130 所示。

（4）选择"钢笔"工具 ✐ ，在适当的位置绘制出图形，如图 12-131 所示。双击"渐变"工具 ▣ ，弹出"渐变"控制面板，在色带上设置 5 个渐变滑块，分别将渐变滑块的位置设为 0、51、83、90、

100，并设置 C、M、Y、K 的值分别为 0（0、0、0、18）、51（0、0、0、0）、83（0、0、0、30）、90（0、0、0、40）、100（0、0、0、29），其他选项的设置如图 12-132 所示，图形被填充为渐变色，并设置描边色为无，效果如图 12-133 所示。

图 12-129

图 12-130

图 12-131

图 12-132

图 12-133

（5）选择"矩形"工具 ▣，绘制出一个矩形，如图 12-134 所示。双击"渐变"工具 ▣，弹出"渐变"控制面板，在色带上设置 6 个渐变滑块，分别将渐变滑块的位置设为 0、20、51、76、94、100，并设置 C、M、Y、K 的值分别为 0（0、0、0、18）、20（0、0、0、30）、51（0、0、0、0）、76（0、0、0、30）、94（0、0、0、61）、100（0、0、0、29），其他选项的设置如图 12-135 所示，图形被填充为渐变色，并设置描边色为无，效果如图 12-136 所示。

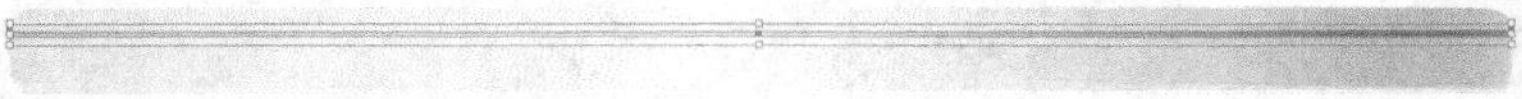

图 12-134

图 12-135

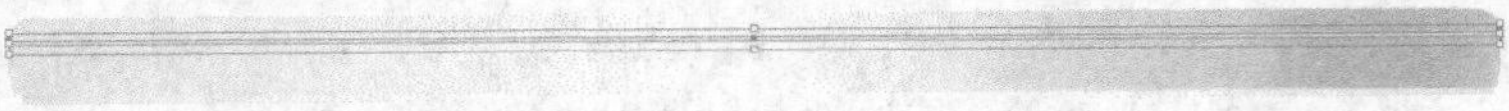

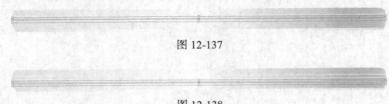

图 12-136

（6）选择"选择"工具，按住 Alt+Shift 组合键，垂直向下拖曳图形到适当的位置，复制图形，效果如图 12-137 所示。再次复制出图形到适当的位置，效果如图 12-138 所示。

图 12-137

图 12-138

（7）选择"钢笔"工具，在适当的位置绘制出图形，如图 12-139 所示。双击"渐变"工具，弹出"渐变"控制面板，在色带上设置 5 个渐变滑块，分别将渐变滑块的位置设为 0、51、79、90、100，并设置 C、M、Y、K 的值分别为 0（0、0、0、18）、51（26、0、21、32）、79（67、29、38、57）、90（43、0、34、75）、100（0、0、0、29），其他选项的设置如图 12-140 所示，图形被填充为渐变色，并设置描边色为无，效果如图 12-141 所示。

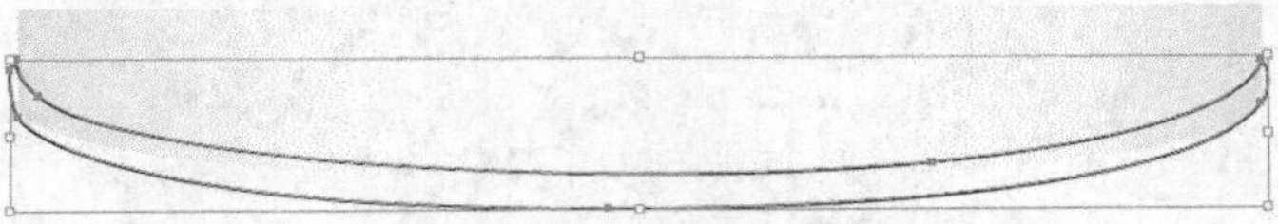

图 12-139

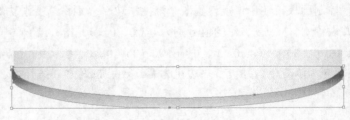

图 12-140

图 12-141

（8）选择"钢笔"工具，在适当的位置绘制出图形，填充为白色，并设置描边色为无，效果如图 12-142 所示。

图 12-142

（9）选择"文件 > 置入"命令，弹出"置入"对话框，选择光盘中的"Ch12 > 素材 > 奶粉

包装设计 > 01"文件，单击"置入"按钮，置入文件。单击属性栏中的"嵌入"按钮，嵌入图片，并调整其大小，效果如图 12-143 所示。

（10）选择"选择"工具 ，选取需要的图形，按 Ctrl+C 组合键，复制图形。按 Ctrl+F 组合键，原位粘贴图形，如图 12-144 所示。按 Ctrl+Shift+] 组合键，将图形移到最前面，效果如图 12-145 所示。

图 12-143　　　　　　　　　图 12-144　　　　　　　　　图 12-145

（11）按住 Shift 键的同时，将图形和图片同时选取，按 Ctrl+7 组合键，创建剪切蒙版，效果如图 12-146 所示。连续按 Ctrl+[组合键，将图形后移，效果如图 12-147 所示。

图 12-146　　　　　　　　　图 12-147

12.2.2　绘制狮子图形

（1）选择"钢笔"工具 ，在适当的位置绘制出图形，如图 12-148 所示。设置图形填充颜色为砖红色（其 C、M、Y、K 的值分别为 35、65、80、0），填充图形，并设置描边色为无，效果如图 12-149 所示。

图 12-148　　　　　　　　　图 12-149

271

（2）选择"椭圆"工具 ⬭，在适当的位置绘制出椭圆形，如图 12-150 所示。选择"直接选择"工具 ▷，分别拖曳节点到适当的位置，效果如图 12-151 所示。

（3）选择"选择"工具 ▶，设置图形填充颜色为橙黄色（其 C、M、Y、K 的值分别为 0、30、90、0），填充图形，并设置描边色为无，效果如图 12-152 所示。使用相同的方法绘制出其他图形，并填充相同的颜色，效果如图 12-153 所示。

图 12-150　　　　　图 12-151　　　　　图 12-152　　　　　图 12-153

（4）选择"椭圆"工具 ⬭，按住 Shift 键的同时，在适当的位置绘制出圆形，填充图形为白色，并设置描边色为无，效果如图 12-154 所示。使用相同的方法再次绘制出圆形，设置图形填充颜色为粟色（其 C、M、Y、K 的值分别为 50、100、100、20），填充图形，并设置描边色为无，效果如图 12-155 所示。

图 12-154　　　　　图 12-155

（5）选择"选择"工具 ▶，按住 Shift 键的同时，将需要的图形同时选取。按住 Alt 键的同时，拖曳图形到适当的位置复制图形，效果如图 12-156 所示。拖曳较小的圆形到适当的位置，效果如图 12-157 所示。

图 12-156　　　　　图 12-157

（6）选择"椭圆"工具 ⬭，在适当的位置绘制出椭圆形。选择"直接选择"工具 ▷，分别拖曳节点到适当的位置，设置图形填充颜色为粟色（其 C、M、Y、K 的值分别为 50、100、100、20），填充图形，并设置描边色为无，效果如图 12-158 所示。

（7）选择"钢笔"工具 ✐，在适当的位置绘制出曲线，设置描边颜色为粟色（其 C、M、Y、K 的值分别为 50、100、100、20），填充描边色，效果如图 12-159 所示。

（8）选择"钢笔"工具 ✐，在适当的位置绘制出图形，填充为白色，并设置描边色为无，效果如图 12-160 所示。按 Ctrl+[组合键，将图形后移，效果如图 12-161 所示。

图 12-158

图 12-159

图 12-160

图 12-161

（9）选择"椭圆"工具 ⬭，按住 Shift 键的同时，在适当的位置绘制出圆形，设置图形填充颜色为杏仁色（其 C、M、Y、K 的值分别为 35、65、80、0），填充图形，并设置描边色为无，效果如图 12-162 所示。选择"选择"工具 ▶，按住 Alt 键的同时，多次拖曳图形到适当的位置复制图形，效果如图 12-163 所示。

（10）选择"钢笔"工具 ✐，在适当的位置绘制出图形，设置图形填充颜色为橙黄色（其 C、M、Y、K 的值分别为 0、30、90、0），填充图形，并设置描边色为无，效果如图 12-164 所示。选择"选择"工具 ▶，按住 Shift 键的同时，将需要的图形同时选取。连续按 Ctrl+[组合键，将图形置于底层，效果如图 12-165 所示。

图 12-162

图 12-163

图 12-164

图 12-165

（11）选择"钢笔"工具 ✐，在适当的位置绘制图形，设置图形填充颜色为橙黄色（其 C、M、Y、K 的值分别为 0、30、90、0），填充图形，并设置描边色为无，效果如图 12-166 所示。选择"选择"工具 ▶，将需要的图形选取。连续按 Ctrl+[组合键，将图形置于底层，效果如图 12-167 所示。

（12）选择"钢笔"工具 ✐，在适当的位置绘制出图形，设置填充颜色为橙黄色（其 C、M、Y、K 的值分别为 0、30、90、0），填充图形，并设置描边色为无，效果如图 12-168 所示。再绘制出一个图形，设置填充颜色为砖红色（其 C、M、Y、K 的值分别为 35、65、80、0），填充图形，并设置描边色为无，效果如图 12-169 所示。

（13）选择"选择"工具 ▶，用圈选的方法将需要的图形同时选取，按 Ctrl+G 组合键，群组图形，效果如图 12-170 所示。拖曳到适当的位置，如图 12-171 所示。

图 12-166   图 12-167   图 12-168

图 12-169   图 12-170   图 12-171

12.2.3　添加标签和其他信息

（1）选择"椭圆"工具 ◎，在适当的位置绘制出椭圆形。双击"渐变"工具 ▣，弹出"渐变"控制面板，在色带上设置 3 个渐变滑块，分别将渐变滑块的位置设为 0、50、100，并设置 C、M、Y、K 的值分别为 0（0、0、100、0）、50（0、39、75、30）、100（0、19、100、7），其他选项的设置如图 12-172 所示，图形被填充为渐变色，并设置描边色为无，效果如图 12-173 所示。

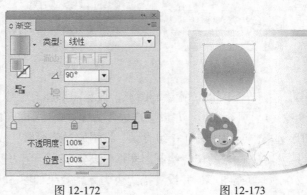

图 12-172   图 12-173

（2）选择"选择"工具 ▶，按住 Alt 键的同时，拖曳图形到适当的位置复制图形，效果如图 12-174 所示。选择"椭圆"工具 ◎，在适当的位置绘制出椭圆形，如图 12-175 所示。选择"钢笔"工具 ✎，在适当的位置单击添加节点，如图 12-176 所示。

274

图 12-174

图 12-175

图 12-176

（3）选择"直接选择"工具，分别拖曳节点到适当的位置，如图 12-177 所示。设置图形填充颜色为枣红色（其 C、M、Y、K 的值分别为 15、100、100、50），填充图形，并设置描边色为无，效果如图 12-178 所示。选择"选择"工具，按住 Alt 键的同时，拖曳图形到适当的位置复制图形。设置图形填充颜色为朱红色（其 C、M、Y、K 的值分别为 15、100、100、0），填充图形，并设置描边色为无，效果如图 12-179 所示。

图 12-177

图 12-178

图 12-179

（4）选择"文字"工具，在适当的位置分别输入需要的文字，选择"选择"工具，在属性栏中分别选择合适的字体和文字大小，填充文字为白色，效果如图 12-180 所示。使用相同的方法再次添加其他文字，效果如图 12-181 所示。

图 12-180

图 12-181

（5）选择"选择"工具，选取需要的文字。选择"窗口 > 文字 > 字符"命令，在弹出的面板中进行设置，如图 12-182 所示，按 Enter 键确认操作，效果如图 12-183 所示。

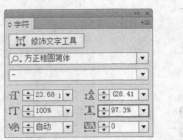

图 12-182　　　　　　　　　　图 12-183

（6）选择"选择"工具，选取需要的文字。在"字符"面板中进行设置，如图 12-184 所示，按 Enter 键确认操作，效果如图 12-185 所示。

图 12-184　　　　　　　　　　图 12-185

（7）选择"选择"工具，按住 Shift 键的同时，选取需要的文字。按 Ctrl+Shift+O 组合键，创建文字轮廓，效果如图 12-186 所示。选取需要的文字，双击"渐变"工具，弹出"渐变"控制面板，在色带上设置 3 个渐变滑块，分别将渐变滑块的位置设为 0、50、100，并设置 C、M、Y、K 的值分别为 0（0、39、75、30）、50（0、0、100、0）、100（0、19、100、0），其他选项的设置如图 12-187 所示，图形被填充为渐变色，并设置描边色为无，效果如图 12-188 所示。

图 12-186　　　　　　　　图 12-187　　　　　　　　图 12-188

（8）选择"选择"工具，选取需要的文字。双击"渐变"工具，弹出"渐变"控制面板，在色带上设置 2 个渐变滑块，分别将渐变滑块的位置设为 0、100，并设置 C、M、Y、K 的值分别为 0（0、39、75、30）、100（0、19、100、7），其他选项的设置如图 12-189 所示，图形被填充为渐变色，并设置描边色为无，效果如图 12-190 所示。使用相同的方法添加其他文字的渐变色，效果如图 12-191 所示。

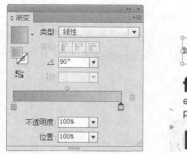

图 12-189　　　　　　　　　　　　图 12-190

图 12-191

（9）选择"选择"工具 ，选取需要的文字，设置图形填充颜色为灰色（其 C、M、Y、K 的值分别为 0、0、0、60），填充图形，并设置描边色为无，效果如图 12-192 所示。至此，奶粉包装绘制完成，效果如图 12-193 所示。按 Ctrl+Shift+S 组合键，弹出"存储为"对话框，将其命名为"奶粉包装"，保存为 AI 格式，单击"保存"按钮，将文件保存。

图 12-192　　　　　　　　　　　图 12-193

Photoshop 应用

12.2.4　制作包装立体效果

（1）打开 Photoshop 软件，按 Ctrl + N 组合键，新建一个文件，宽度为 15cm，高度为 10cm，分辨率为 300 像素/英寸，颜色模式为 RGB，背景内容为白色。选择"渐变"工具 ，单击属性栏中的"点按可编辑渐变"按钮 ，弹出"渐变编辑器"对话框，将渐变色设为从浅黄色（其 R、G、B 的值分别为 253、247、150）到橙黄色（其 R、G、B 的值分别为 255、198、0），如图 12-194 所示，单击"确定"按钮。选择"径向渐变"按钮 ，在图像窗口中从中心向右下方拖曳渐变色，效果如图 12-195 所示。

（2）按 Ctrl + O 组合键，打开光盘中的"Ch12 > 素材 > 奶粉包装设计 > 01"文件，选择"移动"工具 ，将图片拖曳到图像窗口中适当的位置，并调整其大小，效果如图 12-196 所示，在"图层"控制面板中生成新图层并将其命名为"装饰"。

图 12-194

图 12-195

图 12-196

（3）单击"图层"控制面板下方的"添加图层样式"按钮 ，在弹出的菜单中选择"投影"命令，在弹出的对话框中进行设置，如图 12-197 所示，单击"确定"按钮，效果如图 12-198 所示。

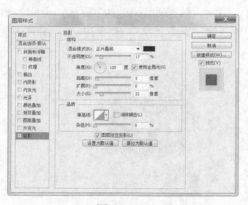

图 12-197

图 12-198

（4）按 Ctrl + O 组合键，打开光盘中的"Ch12 > 效果 > 奶粉包装设计"文件，选择"移动"工具 ，将图片拖曳到图像窗口中适当的位置，并调整其大小，效果如图 12-199 所示，在"图层"控制面板中生成新图层并将其命名为"奶粉罐"。

（5）单击"图层"控制面板下方的"添加图层样式"按钮 ，在弹出的菜单中选择"投影"命令，在弹出的对话框中进行设置，如图 12-200 所示；选择"内阴影"选项，在弹出的面板中进行设置，如图 12-201 所示，单击"确定"按钮，效果如图 12-202 所示。

图 12-199

（6）选择"移动"工具 ，按住 Alt+Shift 组合键，将图片拖曳到图像窗口中适当的位置复制图形，效果如图 12-203 所示，在"图层"控制面板中生成新的图层"奶粉罐 拷贝"。

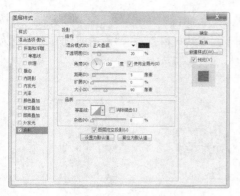

图 12-200   图 12-201

图 12-202   图 12-203

（7）在"图层"控制面板中将"奶粉罐 拷贝"图层拖曳到"奶粉罐"图层的下方，如图 12-204 所示，图像窗口中的效果如图 12-205 所示。

图 12-204   图 12-205

（8）按 Ctrl+T 组合键，在图像周围出现变换框，单击鼠标右键，在弹出的菜单中选择"垂直翻转"命令，垂直翻转图像，按 Enter 键确认操作，效果如图 12-206 所示。单击"图层"控制面板下方的"添加图层蒙版"按钮 ，为"奶粉罐 拷贝"图层添加图层蒙版，如图 12-207 所示。

图 12-206   图 12-207

（9）将前景色设为黑色。选择"画笔"工具 ，在属性栏中单击"画笔"选项右侧的按钮 ，在弹出的面板中选择需要的画笔形状，如图 12-208 所示，在属性栏中将"不透明度"选项设为 80%，在图像窗口中拖曳鼠标擦除不需要的图像，效果如图 12-209 所示。

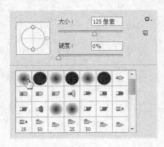

图 12-208   图 12-209

（10）在"图层"控制面板上方，将"奶粉罐 拷贝"图层的"不透明度"选项设为 47%，如图 12-210 所示，图像窗口中的效果如图 12-211 所示。选择"奶粉罐"图层，按 Ctrl + O 组合键，打开光盘中的"Ch12 > 素材 > 奶粉包装设计 > 02"文件，选择"移动"工具 ，将图片拖曳到图像窗口中适当的位置，并调整其大小，效果如图 12-212 所示，在"图层"控制面板中生成新图层并将其命名为"文字"。

图 12-210   图 12-211   图 12-212

12.3 课后习题——手机手提袋设计

【习题知识要点】在 Photoshop 中，使用添加图层蒙版命令制作手提袋的渐变效果，使用变换命令制作手提袋的各面的立体效果；使用椭圆选框工具、钢笔工具和添加图层样式命令制作提绳和提环效果。在 Illustrator 中，使用置入命令、旋转工具和透明度面板制作产品效果；使用椭圆工具和混合工具制作出装饰圆形。手机手提袋效果如图 12-213 所示。

【效果所在位置】光盘/Ch12/效果/手机手提袋设计。

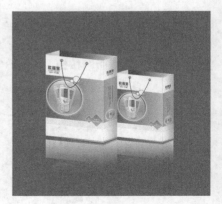

图 12-213